Das bietet Ihnen die CD-ROM

 **Übersichten/Checklisten**

Hier finden Sie zahlreiche Übersichten und Checklisten rund um die Bilanzierung.

 **Muster**

Die Muster, z.B. zur Offenlegung des Jahresabschlusses, können Sie direkt in Ihre Textverarbeitung übernehmen.

 Rechner

Als Excel-Tools stehen Ihnen Hauptabschlussübersicht und Verbindlichkeitenspiegel zu Verfügung.

 Gesetze

Hier finden Sie das aktuelle Handelsgesetzbuch, das Einkommensteuer- und das GmbH-Gesetz im Volltext.

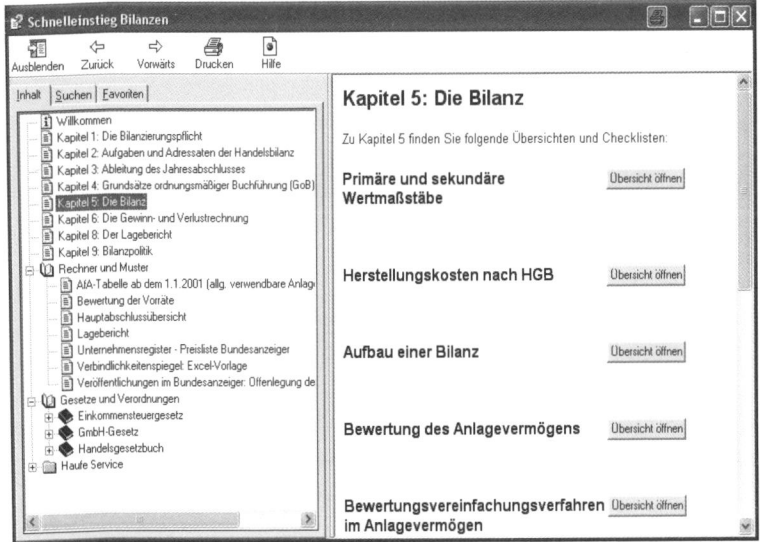

Abbildung CD-ROM: Übersichten und Checklisten

Bibliographische Information Der Deutschen Bibliothek

Die Deutsche Bibliothek verzeichnet diese Publikation in der Deutschen National-
bibliographie; detaillierte bibliographische Daten sind im Internet über
http://dnb.ddb.de abrufbar.

ISBN: 978-3-448-07485-7   Bestell-Nr. 01107-0001

© 2007, Rudolf Haufe Verlag GmbH & Co. KG
Niederlassung Planegg/München
Redaktionsanschrift: Postfach, 82142 Planegg
Hausanschrift: Fraunhoferstraße 5, 82152 Planegg
Telefon: (089) 895 17-0
Telefax: (089) 895 17-290
www.haufe.de
online@haufe.de
Lektorat: Dipl.-Kffr. Kathrin Menzel-Salpietro

Redaktion und DTP: Peter Böke, 10961 Berlin
Umschlaggestaltung: HERMANNKIENLE, 70199 Stuttgart
Druck: Bosch-Druck GmbH, 84030 Ergolding

Zur Herstellung dieses Buches wurde alterungsbeständiges Papier verwendet.

Schnelleinstieg Bilanzen

Prof. Dr. Ulrike Eidel
WP/StB Dr. Michael Strickmann

Haufe Mediengruppe
Freiburg · München · Berlin

Inhaltsverzeichnis

Vorwort

Die spektakulären Bilanzskandale der jüngeren Vergangenheit auf internationaler und nationaler Ebene (ENRON, WorldCom, Com-ROAD, um nur einige zu nennen) und die Aufsehen erregenden Prozesse um ihre Drahtzieher haben zu einer massiven Veränderung in der öffentlichen Wahrnehmung der Rechnungslegung von Unternehmen geführt. Während traditionell Buchführung und Bilanzierung geradezu als Inbegriff einer zwar notwendigen, aber nicht besonders kreativen Auseinandersetzung mit dem längst Vergangenen galten, wurde die externe Rechnungslegung nun als das angesehen, was sie ist: ein integraler und elementarer Bestandteil der Unternehmensführung und -kommunikation.

Die Auswirkungen der Bilanzskandale auf den Kapitalmärkten haben zu einer weiteren Erkenntnis geführt, die aber eigentlich nicht neu war: dass nämlich eine verlässliche Finanzberichterstattung eine zentrale tragende Säule des ganzen Systems ist. Deshalb hat auch die Politik auf internationaler und nationaler Ebene umgehend und mit großem Aktionismus reagiert. Eine wahre Flut von Änderungen und Neuerungen in Bezug auf die Rechnungslegung und ihre Überwachung soll etwaigen Wiederholungen vorbeugen. Die Stichworte *Bilanzpolizei*, *Bilanzierung nach IFRS* und *Bilanzeid* belegen diese Aussage, sollen an dieser Stelle jedoch nicht weiter vertieft werden.

Die „Bilanz-Jongleure" haben auf diese Weise ungewollt dazu beigetragen, den Stellenwert der externen Rechnungslegung beachtlich zu steigern. Und dabei waren ihre Maßnahmen im Kern zumeist trivial. Mal wurde einfach nur die Inventur gefälscht, mal mehr Rechnungen geschrieben als tatsächlich Aufträge vorlagen. Die „Kunst" lag also nicht in der Sache selbst, sondern darin, die Fälschung durch möglichst komplexe und unübersichtliche Konstruktionen virtuos zu verschleiern.

Obwohl illegale Bilanzmanipulationen im Folgenden natürlich kein Thema sein werden, lässt sich dennoch eine Brücke zu Gegenstand und Inhalt des vorliegenden Buches schlagen:

Man neigt dazu, in dem mittlerweile bestehenden Normendickicht der Bilanzierungsvorschriften den Blick für das Elementare zu verlieren. Dabei sind es vor allem die Grundlagen, die Sie kennen müssen, um auch bei komplexen Sachverhalten eine zutreffende, systemgerechte und damit verlässliche Bilanzierung sicherzustellen. Auf eben diese Grundlagen und damit auf Basiswissen beschränkt sich das vorliegende Buch. Es soll Ihnen anschaulich vermitteln, welchen Anforderungen die handelsrechtliche Rechnungslegung in Deutschland unterliegt und welche Gestaltungsspielräume das Recht eröffnet. Daneben lernen Sie das grundlegende Fachvokabular der Bilanzierung kennen. Aufgrund des einführenden Charakters beschränken sich die Darstellungen dabei auf die Grundsätze der Bilanzierung von Einzelkaufleuten sowie von Personenhandels- und Kapitalgesellschaften. Rechtsform- und branchenspezifische Sonderregelungen bleiben dagegen weit gehend außen vor.

Kurz gesagt soll das vorliegende Buch dafür sorgen, dass die Bilanzierung von Unternehmen für einen Einsteiger in diese Thematik kein *Buch mit sieben Siegeln* bleibt.

1 Die Bilanzierungspflicht

1.1 Die Bilanz als Teil von Jahresabschluss und externer Rechnungslegung

Wenn über *Bilanzierung* gesprochen wird, beschränkt sich die Diskussion meist nicht auf das, was im Kern Inhalt der Bilanz ist: die Gegenüberstellung von Vermögen und Schulden eines Unternehmens zu einem bestimmten Stichtag. Der Begriff wird vielmehr regelmäßig als Synonym für die Aufstellung des handelsrechtlichen *Jahresabschlusses* verwendet. Dieser aber umfasst – wie im Folgenden gezeigt wird – noch weitere Komponenten und stellt bei bestimmten Unternehmen selbst nur einen Teil der gesamten periodischen Finanzberichterstattung (so genannte *externe Rechnungslegung*) dar.

1.2 Wer muss einen Jahresabschluss aufstellen?

Die §§ 238, 242 HGB verpflichten alle Kaufleute zur Buchführung und zur Aufstellung eines Jahresabschlusses. Wer Kaufmann im Sinne dieser Vorschrift ist, ergibt sich aus den Regelungen der §§ 1 ff. HGB.

Merkmale eines Gewerbebetriebs

Kaufmann ist danach zunächst jeder, der ein **Handelsgewerbe** betreibt (§ 1 Abs. 1 HGB). Hierunter ist jeder *Gewerbebetrieb* zu verstehen, der einen nach *Art und Umfang in kaufmännischer Weise eingerichteten Geschäftsbetrieb* fordert (§ 1 Abs. 2 HGB). Eine wirtschaftliche Tätigkeit ist dabei dann als Gewerbebetrieb einzustufen, wenn sie insbesondere die folgenden Merkmale aufweist:

- Sie wird selbstständig auf eigene Rechnung und Gefahr ausgeübt.
- Sie ist grundsätzlich auf Dauer angelegt.
- Es wird damit langfristig eine Gewinnerzielung angestrebt.

1

Allgemeingültige Regeln oder gar eine gesetzliche Konkretisierung, wann eine gewerbliche Tätigkeit einen nach Art und Umfang in kaufmännischer Weise eingerichteten Geschäftsbetrieb erfordert, existieren nicht. In der Praxis orientiert man sich daher häufig an den Größenkriterien des § 141 AO, die bei Überschreiten eines Umsatzes von 350.000 € (ab 2007: 500.000 €) oder eines Gewinns von 30.000 € eine steuerliche Buchführungspflicht begründen.

Wenn jemand in diesem Sinne einen größeren Gewerbebetrieb betreibt, begründet dies folglich zwingend die Kaufmannseigenschaft (*Kaufmann kraft Betätigung = Istkaufmann*). Übt jemand dagegen einen kleineren Gewerbebetrieb aus, ist er nur dann Kaufmann (*kraft Eintragung = Kannkaufmann*), sofern er sich freiwillig in das Handelsregister eintragen lässt (§ 2 HGB). In diesem Fall unterwirft er sich allen Rechten und Pflichten, die für Kaufleute gelten.

Istkaufmann/ Kannkaufmann

Kraft gesetzlicher Definition (§§ 105 Abs. 1, 161 Abs. 1 HGB) müssen Personenhandelsgesellschaften (OHG, KG) auf den Betrieb eines Handelsgewerbes gerichtet sein. Sie sind daher stets Kaufleute. Das Gleiche gilt für Kapitalgesellschaften (AG, GmbH, KGaA).

Diese gelten unabhängig von ihrer Tätigkeit bzw. dem Gegenstand ihres Unternehmens als Kaufleute (§§ 3 Abs. 2, 278 Abs. 3 AktG, § 13 Abs. 3 GmbHG) und werden deshalb auch als *Kaufleute kraft Rechtsform* oder *Formkaufleute* bezeichnet.

Formkaufmann

1.3 Was müssen Sie bei der Aufstellung des Jahresabschlusses beachten?

Die Vorschriften, die Sie bei der Buchführung und der Aufstellung des Jahresabschlusses beachten müssen, hängen insbesondere von der Rechtsform und der Größe des Unternehmens ab.

In einem ersten Schritt wird danach differenziert, ob das Unternehmen als Kapitalgesellschaft, Personenhandelsgesellschaft oder Einzelunternehmen geführt wird. Für *Kapitalgesellschaften* gelten hinsichtlich der Aufstellung des Jahresabschlusses sowie auch in Bezug auf dessen Offenlegung und Prüfung *strengere Vorschriften* als für Personenhandelsgesellschaften. Dies liegt darin begründet, dass die Eigentümer einer Kapitalgesellschaft nur beschränkt haften, wäh-

Rechtsform des Unternehmens

9

rend eine Personenhandelsgesellschaft auch Gesellschafter besitzt, die persönlich voll für die Verbindlichkeiten der Gesellschaft haften. Jedoch können auch Personenhandelsgesellschaften so konstruiert werden, dass die dahinter stehenden natürlichen Personen de facto nur beschränkt haften. Denken Sie an den Fall einer typischen GmbH & Co. KG, bei der nur die GmbH als Komplementär unbeschränkt haftet. Auch in diesem Fall existiert – wie bei einer Kapitalgesellschaft – keine persönliche Haftung einer natürlichen Person. Personenhandelsgesellschaften, bei denen nicht wenigstens ein persönlich haftender Gesellschafter eine natürliche Person ist (oder aber – bei mehrstufigen Gesellschaftskonstruktionen – eine Personengesellschaft mit einer natürlichen Person als Vollhafter), werden für Zwecke der Rechnungslegung den Kapitalgesellschaften daher weitestgehend gleichgestellt (§ 264a HGB). Sie werden auch als *voll haftungsbeschränkte Personenhandelsgesellschaften* bezeichnet.

Größe des
Unternehmens

Des Weiteren hängen die maßgebenden Vorschriften von der Größe des Unternehmens ab. Es gilt allgemein die Regel, dass größere mehr und zugleich strengere Normen befolgen müssen als kleinere Unternehmen.

Achtung:
Die bilanzrechtlich maßgebende Größenklassifizierung richtet sich nach der Rechtsform des Unternehmens: Für Kapitalgesellschaften und voll haftungsbeschränkte Personenhandelsgesellschaften sind die Größenkriterien des § 267 HGB anzuwenden.

Übersicht: Größenklassifizierung der Unternehmen

	Bilanzsumme (BS) (in Mio. €)	Umsatzerlöse (UE) (in Mio. €)	Durchschnittliche Zahl der Arbeitnehmer (AN)
Kleine Gesellschaft	BS ≤ 4,015	UE ≤ 8,030	AN ≤ 50
Mittelgroße Gesellschaft	4,015 < BS ≤ 16,06	8,030 < UE ≤ 32,12	50 < AN ≤ 250
Große Gesellschaft	BS > 16,06	UE > 32,12	AN > 250

Die Einordnung in eine der drei Größenklassen setzt voraus, dass zwei der drei genannten Kriterien erfüllt sind. Ein Wechsel der Größenklasse erfordert dabei das Vorliegen der Kriterien in zwei aufeinander folgenden Geschäftsjahren.

Als Sonderfall müssen Sie beachten, dass eine Kapitalgesellschaft oder voll haftungsbeschränkte Personenhandelsgesellschaft immer als große Gesellschaft gilt, wenn sie einen organisierten Markt durch von ihr ausgegebene Wertpapiere in Anspruch nimmt oder die Zulassung zu einem solchen Markt beantragt wurde (§ 267 Abs. 3 HGB). Man spricht in diesem Zusammenhang auch von *kapitalmarktorientierten Gesellschaften*. Kapitalmarkt-
orientierte
Gesellschaften

> **Achtung:**
>
> Auch eine GmbH oder eine Personenhandelsgesellschaft kann kapitalmarktorientiert sein, wenn sie z. B. eine Anleihe begeben hat, die an der Börse notiert wird (etwa die Robert Bosch GmbH). Es muss sich nicht zwangsläufig um Eigenkapitaltitel (Aktien) handeln.
>
> Werden Aktien an der Börse gehandelt, spricht die gesetzliche Definition des § 3 Abs. 2 AktG von einer *börsennotierten Gesellschaft*.

Für Personenhandelsgesellschaften mit mindestens einer natürlichen Person als Vollhafter, Einzelunternehmen und andere Unternehmen, die unter den Anwendungsbereich des PublG fallen (z. B. wirtschaftliche Vereine), gelten die Größenkriterien des § 11 PublG. Die Schwellenwerte sind wesentlich höher als nach § 267 HGB: Anwendungs-
bereich des PublG

	Großes Unternehmen
Bilanzsumme	> 65 Mio. €
Umsatzerlöse	> 130 Mio. €
Durchschnittliche Zahl der Arbeitnehmer	> 5.000

Voraussetzung für die Einstufung als großes Unternehmen im Sinne des PublG ist es, dass zwei der drei genannten Kriterien an drei aufeinander folgenden Abschlussstichtagen erfüllt sind. Dies hat zur Folge, dass das betreffende Unternehmen die Spezialvorschriften des PublG beachten muss. Diese stimmen weit gehend mit den für Kapitalgesellschaften und voll haftungsbeschränkten Personenhandelsgesellschaften einschlägigen HGB-Vorschriften überein. Einstufung
als großes
Unternehmen

> **Achtung:**
> Kapitalgesellschaften, voll haftungsbeschränkte Personenhandelsgesellschaften sowie Unternehmen, die unter den Anwendungsbereich des PublG fallen und Tochterunternehmen eines anderen Unternehmens sind, können bei Vorliegen bestimmter Voraussetzungen Erleichterungen bezüglich Aufstellung, Prüfung und Offenlegung des Jahresabschlusses in Anspruch nehmen (vgl. hierzu § 264 Abs. 3 HGB, § 264b HGB, § 5 Abs. 6 PublG).

In Abhängigkeit von Rechtsform und Größe des Unternehmens sind in Bezug auf die Buchführung und die Aufstellung des Jahresabschlusses die folgenden gesetzlichen Vorschriften maßgebend:

Personenhandelsgesellschaften und Einzelunternehmen		Kapitalgesellschaften und voll haftungsbeschränkte Personenhandelsgesellschaften
Größenkriterien des § 11 PublG sind erfüllt	Größenkriterien des § 11 PublG sind nicht erfüllt	
§§ 238 bis 263 HGB und Spezialvorschriften des PublG	§§ 238 bis 263 HGB	§§ 238 bis 263 HGB und ergänzende Spezialvorschriften der §§ 264 bis 289 HGB

Die genannten handelsrechtlichen Buchführungs- und Bilanzierungsvorschriften sind grundsätzlich auch für Zwecke der steuerlichen Gewinnermittlung zu beachten (§ 140 AO). Ergänzend dazu verpflichtet § 141 AO andere Gewerbetreibende zur Buchführung sowie zur Aufstellung eines Jahresabschlusses, wenn diese bestimmte Größenkriterien überschreiten (Umsatz > 350.000 € [ab 2007: 500.000 €] oder Gewinn > 30.000 €).

1.4 Was gehört zur externen Rechnungslegung?

Jahresabschluss Bei Unternehmen, die in der Rechtsform eines Einzelkaufmanns oder einer Personenhandelsgesellschaft geführt werden, besteht der Jahresabschluss aus folgenden zwei Bestandteilen (§ 242 Abs. 3 HGB):
1. Bilanz
2. Gewinn-und-Verlust-Rechnung
Dies gilt auch dann, wenn das Unternehmen unter den Anwendungsbereich des PublG fällt (§ 5 Abs. 2 PublG).

Als zusätzliche Komponente des Jahresabschlusses kommt bei Kapi- *Anhang* talgesellschaften und voll haftungsbeschränkten Personenhandelsgesellschaften der **Anhang** hinzu (§ 264 Abs. 1 HGB). Die Bilanz stellt die Vermögens- und Finanzlage und die Gewinn-und-Verlust-Rechnung die Ertragslage dar. Der Anhang unterstützt den „Zahlenteil" des Jahresabschlusses durch entsprechende Ergänzungen und Erläuterungen.

Daneben verlangt das Gesetz von Kapitalgesellschaften und voll *Lagebericht* haftungsbeschränkten Personengesellschaften, die nicht als kleine Gesellschaften im Sinne des § 267 HGB zu klassifizieren sind, die Aufstellung eines **Lageberichts** (§ 264 Abs. 1 i. V. m. § 264a Abs. 1 HGB).

> **Achtung:**
> Der Lagebericht gehört nicht zum Jahresabschluss, sondern ist ein eigenständiges Instrument der Rechnungslegung.

Die Pflicht zur Erweiterung des Jahresabschlusses um einen Anhang und zur Aufstellung eines Lageberichts gilt entsprechend für Unternehmen, die den Rechnungslegungsvorschriften des PublG unterliegen und die nicht Einzelkaufmann oder Personenhandelsgesellschaft sind (§ 5 Abs. 2 PublG).

Die folgende Übersicht fasst zusammen, welche Bestandteile die externe Rechnungslegung bei bestimmten Unternehmen hat:

Übersicht: Bestandteile der externen Rechnungslegung

		Bilanz	GuV	Anhang	Lage-bericht
Einzelkaufleute und Personen-handelsgesell-schaften mit	PublG nicht anwendbar	§ 242 Abs. 3 HGB		(kein Bestand-teil)	(kein Bestand-teil)
mindestens einer natürlichen Person als Vollhafter	PublG anwendbar	§ 242 Abs. 3 HGB			

		Bilanz	GuV	Anhang	Lage-bericht
Kapital-gesellschaften/ voll haftungs-beschränkte Personen-handels-gesellschaften	klein		§ 264 Abs. 1 HGB		(kein Bestand-teil)
	mittelgroß		§ 264 Abs. 1 HGB		
	groß		§ 264 Abs. 1 HGB		

1.5 Innerhalb welcher Frist müssen Sie den Jahresabschluss aufstellen?

Aufstellungs-fristen

Auch in zeitlicher Hinsicht können Unternehmen ihren Jahresabschluss nicht nach freiem Belieben aufstellen, sondern sind an bestimmte gesetzliche Aufstellungsfristen gebunden. Die folgende Übersicht zeigt Ihnen, innerhalb welches Zeitraums die Aufstellung erfolgen muss:

Übersicht: Aufstellungsfristen für den Jahresabschluss

		Monate nach Ende des Geschäftsjahrs		
		3	6	12
Einzelkaufleute und Personenhandels-gesellschaften mit mindestens einer natürlichen Person als Vollhafter	PublG nicht anwendbar	Innerhalb der einem ordnungsgemäßen Geschäftsgang entsprechenden Zeit (§ 243 Abs. 3 HGB)		
	PublG anwendbar	§ 5 Abs. 1 PublG		
Kapital-gesellschaften/ voll haftungs-beschränkte Personenhandels-gesellschaften	klein	§ 264 Abs. 1 HGB, wenn dies einem ordnungs-gemäßen Geschäftsgang entspricht		
	mittelgroß	§ 264 Abs. 1 HGB		
	groß			

1.6 Der Jahresabschluss steht – was folgt dann?

1.6.1 Unterzeichnung und Datierung des Jahresabschlusses

Der Jahresabschluss muss vom bilanzierenden Kaufmann unter Angabe des Datums unterzeichnet werden (§ 245 HGB). Die folgende Tabelle zeigt, welche Personen je nach Rechtsform des Unternehmens zur Unterzeichnung verpflichtet sind:

Unterzeichnungspflicht

Rechtsform	Unterzeichnungspflicht für den Jahresabschluss
Einzelkaufleute	der Einzelkaufmann allein
OHG	alle Gesellschafter
KG	alle Komplementäre
GmbH	alle Geschäftsführer, nicht nur in vertretungsberechtigter Zahl
GmbH & Co. KG	Geschäftsführer der Komplementär-GmbH in vertretungsberechtigter Zahl
AG	alle Vorstandsmitglieder, nicht nur in vertretungsberechtigter Zahl
KGaA	alle persönlich haftenden Gesellschafter

Achtung:
Für den Lagebericht existiert keine entsprechende gesetzliche Verpflichtung zur Unterzeichnung und Datierung.

1.6.2 Prüfung des Jahresabschlusses

Um die Adressaten des Jahresabschlusses vor den negativen Auswirkungen fehlerhafter Rechnungslegungsangaben zu schützen, beinhaltet das Gesetz für bestimmte Unternehmen eine Verpflichtung, den Jahresabschluss und den ggf. zusätzlich aufzustellenden Lagebericht durch einen unabhängigen Dritten (den so genannten *Abschlussprüfer*) überprüfen zu lassen. Ein solches Schutzinteresse wird insbesondere für Unternehmen gesehen, die eine auf das Gesellschaftsvermögen beschränkte Haftung aufweisen und/oder typischerweise durch eine personelle Trennung von Management und Eigentum gekennzeichnet sind.

Abschlussprüfer

Die folgende Übersicht zeigt, welche Unternehmen insbesondere verpflichtet sind, ihre externe Rechnungslegung prüfen zu lassen (so genannte *Jahresabschlussprüfung*).

Übersicht: Prüfung der externen Rechnungslegung

Rechtsform	Größe	Prüfungspflicht
Einzelkaufleute und Personen- handelsgesellschaften mit mindestens einer natürlichen Person als Vollhafter	PublG nicht anwendbar	keine
	PublG anwendbar	§ 6 PublG
Kapitalgesellschaften/ voll haftungsbeschränkte Personenhandelsgesellschaften	klein	keine
	mittelgroß	§ 316 Abs. 1 HGB
	groß	§ 316 Abs. 1 HGB

Aufgabe der Jahresabschluss- prüfung

Die Jahresabschlussprüfung hat die Aufgabe, die Ordnungsmäßigkeit von Buchführung, Jahresabschluss und Lagebericht eines Unternehmens zu prüfen. Der Abschlussprüfer berichtet über seine Ergebnisse dabei sowohl in Form eines an die Unternehmensorgane gerichteten *Prüfungsberichts* (§ 321 HGB) als auch in Form eines Testats (§ 322 HGB). Das Testat wird auch als *Bestätigungsvermerk* bezeichnet. Es dient der Information der externen Adressaten des Jahresabschlusses und ist zusammen mit diesem offenzulegen.

1.6.3 Feststellung des Jahresabschlusses

Von der Aufstellung des Jahresabschlusses, die dessen Ableitung aus der Buchführung nach den einschlägigen Normen bezeichnet, ist die Feststellung des Jahresabschlusses streng zu unterscheiden.

Rechtliche Wirksamkeit

Durch die Feststellung wird der Jahresabschluss als richtig anerkannt und für das Unternehmen und seine Gesellschafter für verbindlich erklärt bzw. rechtlich wirksam gemacht. Eine Änderung ist ab dem Feststellungszeitpunkt nur noch unter sehr restriktiven Bedingungen möglich.

Bei der AG erfolgt die Feststellung des Jahresabschlusses grundsätzlich durch Vorstand und Aufsichtsrat (§ 172 AktG) oder im Ausnahmefall durch die Hauptversammlung (§ 173 AktG). Bei der GmbH (§ 46 GmbHG) und den Personenhandelsgesellschaften obliegt die Feststellung den Gesellschaftern, während Einzelkaufleute ihren Jahresabschluss im Allgemeinen durch dessen Unterzeichnung feststellen.

1.6.4 Offenlegung des Jahresabschlusses

Damit die externe Rechnungslegung ihrer Informationsfunktion gegenüber außen stehenden Adressaten gerecht werden kann, ist sie den Adressaten bzw. der Öffentlichkeit zugänglich zu machen. Auch die Offenlegungspflichten richten sich dabei nach Rechtsform und Größe des betreffenden Unternehmens.

Offenlegungspflichten

Wer welche Bestandteile der Rechnungslegung in welchem Medium offenzulegen hat, können Sie der nachfolgenden Übersicht entnehmen:

Übersicht: Offenlegungspflichtige Rechnungslegungsbestandteile

Rechtsform	Größe	Bilanz	GuV	Anhang	Lagebericht
Einzelkaufleute und Personenhandelsgesellschaften mit mindestens einer natürlichen Person als Vollhafter	PublG nicht anwendbar				
	PublG anwendbar	§ 9 PublG i. V. m. § 325 Abs. 1 HGB		—	—
Kapitalgesellschaften/ voll haftungsbeschränkte Personenhandelsgesellschaften	klein	§§ 326, 325 Abs. 1 HGB	—	§§ 326, 325 Abs. 1 HGB	—
	mittelgroß	§§ 327, 325 Abs. 1 HGB	§ 325 Abs. 1 HGB	§§ 327, 325 Abs. 1 HGB	§ 325 Abs. 1 HGB
	groß	§ 325 Abs. 1 HGB			

Medium der Offenlegung des Jahresabschlusses			
Rechtsform	Größe	Handelsregister	Bundesanzeiger
Einzelkaufleute und Personenhandelsgesellschaften mit mindestens einer natürlichen Person als Vollhafter	PublG nicht anwendbar		
	PublG anwendbar	§ 9 PublG, § 325 Abs. 1 HGB Bundesanzeigerbekanntmachung und Handelsregistereinreichung	
Kapitalgesellschaften/ voll haftungsbeschränkte Personenhandelsgesellschaften	klein	§ 325 Abs. 1 HGB	
	mittelgroß	Handelsregistereinreichung mit Hinterlegungsbekanntmachung im Bundesanzeiger	
	groß	§ 325 Abs. 1 HGB Bundesanzeigerbekanntmachung und Handelsregistereinreichung	

Das jüngst ergangene *Gesetz über elektronische Handelsregister und Genossenschaftsregister sowie das Unternehmensregister (EHUG)* vom 10.11.2006 hat in Bezug auf das Offenlegungsmedium gravierende Änderungen mit sich gebracht. Diese gelten nach Art. 61 Abs. 5 EGHGB n. F. erstmals für Geschäftsjahre, die nach dem 31.12.2005 beginnen. Entspricht das Geschäftsjahr dem Kalenderjahr, hat dies zur Folge, dass bereits der Jahresabschluss für das am 31.12.2006 endende Geschäftsjahr unter die Neuregelung fällt.

Nach § 325 Abs. 1, 2 HGB n. F. sowie § 9 Abs. 1 PublG n. F. müssen offenlegungspflichtige Unternehmen ihre Rechnungslegungsbestandteile in Zukunft in elektronischer Form beim Betreiber des elektronischen Bundesanzeigers (www.ebundesanzeiger.de) statt beim Handelsregister einreichen und darin unverzüglich nach der Einreichung bekannt machen lassen. Die bisherige Unterscheidung in Bundesanzeiger- und Handelsregisterpublizität, die in der obigen Übersicht dargestellt ist, fällt damit in Zukunft weg.

Der Betreiber des elektronischen Bundesanzeigers ist darüber hinaus u. a. dafür zuständig, die publizitätspflichtigen Rechnungslegungsunterlagen in das durch das EHUG ebenfalls neu zu errichtende zentrale elektronische Unternehmensregister (www.unternehmensregister.de) einstellen zu lassen (§ 8b Abs. 2, 3 HGB n. F.).

Achtung:
Die §§ 326 und 327 HGB sehen für kleine und mittelgroße Kapitalgesellschaften und voll haftungsbeschränkte Personenhandelsgesellschaften einige inhaltliche Offenlegungserleichterungen vor. Danach können bestimmte Angaben des aufgestellten Jahresabschlusses bei der Offenlegung entfallen.

Zusammen mit der externen Rechnungslegung sind folgende Informationen bzw. Unterlagen offenzulegen (§ 325 Abs. 1 HGB):

• der Bestätigungsvermerk des Abschlussprüfers oder der Vermerk über dessen Versagung
• der Bericht des Aufsichtsrats
• die Entsprechenserklärung nach § 161 AktG
• *Vorschlag* und *Beschluss über die Ergebnisverwendung* unter Angabe des Jahresergebnisses, soweit die Angaben nicht bereits aus dem Jahresabschluss ersichtlich sind

Die Offenlegung hat unverzüglich nach der Vorlage des Jahresabschlusses an die Gesellschafter, spätestens jedoch binnen 12 Monaten des folgenden Geschäftsjahrs zu erfolgen (§ 325 Abs. 1 HGB, § 9 Abs. 1 PublG). *Offenlegungsfrist*

Offenlegung eines IFRS-konformen Jahresabschlusses

Statt eines nach den Vorschriften des HGB aufgestellten Jahresabschlusses können große Kapitalgesellschaften und voll haftungsbeschränkte Personenhandelsgesellschaften auch einen IFRS-konformen Jahresabschluss im Bundesanzeiger publizieren (§ 325 Abs. 2a HGB). Dies gilt analog für Unternehmen, die dem PublG unterliegen (§ 9 Abs. 1 PublG). Bei kapitalmarktorientierten Unternehmen, die nicht als klein im Sinne des § 327a HGB n. F. einzustufen sind, verkürzt sich diese Frist auf vier Monate (§ 325 Abs. 4 HGB n. F., § 9 Abs. 1 PublG n. F.).

Achtung:
Die Verpflichtung zur Einreichung des HGB-Abschlusses zum Handelsregister bleibt bei Unternehmen, die im Bundesanzeiger alternativ einen IFRS-Abschluss offenlegen können, unberührt.

Wie zuvor dargestellt, entfällt nach den Regelungen des EHUG zukünftig die Unterscheidung in Handels- und Bundesanzeigerpublizität. Der IFRS-konforme Jahresabschluss muss bei Inanspruchnahme des Wahlrechts des § 325 Abs. 2a HGB dann somit ebenfalls zum elektronischen Bundesanzeiger eingereicht und darin bekannt gemacht werden. Das EHUG beseitigt darüber hinaus die Beschränkung dieser Möglichkeit auf große Gesellschaften, so dass künftig alle offenlegungspflichtigen Unternehmen davon Gebrauch machen können.

Fazit
In der Praxis ist die Publizitätsmoral bisher unbefriedigend. Vor allem Gesellschaften in der Rechtsform der GmbH neigen vielfach dazu, ihren Offenlegungspflichten nicht nachzukommen. Dadurch soll verhindert werden, dass die eigenen Wettbewerber mit Informationen über die wirtschaftliche Lage des Unternehmens versorgt werden und sogar ggf. Rückschlüsse auf die Margen des Unternehmens ziehen können.

> **Achtung:**
> Bitte beachten Sie, dass das Registergericht in solchen Fällen der Nichteinreichung nur auf Antrag einschreitet. Vor der möglichen Festsetzung eines Ordnungsgeldes, das zwischen 2.500 € und 25.000 € liegen kann, ist diese Sanktion für den Fall anzudrohen, dass binnen einer Nachfrist von sechs Wochen die notwendigen Unterlagen nicht eingereicht werden. Der Antrag kann dabei von jeder an der Rechnungslegung des Unternehmens interessierten Person gestellt werden (§ 325 HGB), und das Ordnungsgeld kann auch mehrfach festgesetzt werden. Ist das Verfahren im Gange, muss das Registergericht von Amts wegen so lange tätig bleiben und Ordnungsgelder festsetzen, bis dem Publizitätsverlangen entsprochen wird.

Die traditionell schlechte Publizitätsmoral in Deutschland hat den Gesetzgeber veranlasst, im Rahmen des EHUG auch in Bezug auf die Durchsetzung der gesetzlichen Offenlegungsanforderungen einschneidende Änderungen vorzunehmen. So ist die Obergrenze des Ordnungsgeldes auf 50.000 € angehoben worden. Erheblich gravierender ist jedoch die Tatsache, dass ein Ordnungsgeldverfahren zukünftig nicht länger nur auf Antrag, sondern von Amts wegen durchzuführen ist. Zuständig hierfür ist nunmehr das Bundesamt für Justiz, das die hierfür benötigte Mitteilung vom Betreiber des elektronischen Bundesanzeigers erhält, der die fristgerechte und vollständige Einreichung der publizitätspflichtigen Unterlagen zu überwachen hat (§§ 329 Abs. 1, 4 i. V. m. § 335 HGB n. F.).

2 Aufgaben und Adressaten der Handelsbilanz

2.1 Warum Rechnungslegung stets zweckabhängig ist

Die Rechnungslegung von Unternehmen dient letztlich immer dazu, ihren (potenziellen) Adressaten einen Einblick in die wirtschaftliche Situation des Unternehmens zu verschaffen. Entsprechend kommt auch der handelsrechtlichen Rechnungslegung im Allgemeinen und dem Jahresabschluss im Besonderen zunächst eine Informationsfunktion zu.

Informations- funktion

Darüber hinaus ist der handelsrechtliche Jahresabschluss Maßstab zur Ermittlung der Gewinnansprüche der Eigenkapitalgeber des Unternehmens und Ausgangspunkt der Unternehmensbesteuerung (*Maßgeblichkeit der Handels- für die Steuerbilanz*). Ihm kommen somit eine Ausschüttungs- und eine Steuerbemessungsfunktion zu.

Ausschüttungs- und Steuer- bemessungs- funktion

Die wichtigsten Adressaten des Jahresabschlusses

Die unterschiedlichen Aufgaben des Jahresabschlusses bringen es mit sich, dass sehr inhomogene Interessen seiner wichtigsten Adressaten aufeinander treffen:

- **Eigenkapitalgeber**

  Das Hauptaugenmerk der Eigenkapitalgeber ist darauf gerichtet, welchen ausschüttungsfähigen Gewinn das Unternehmen erwirtschaftet hat. Außerdem stellt der Jahresabschluss einen Rechenschaftsbericht der Geschäftsführung dar. Diese Funktion ist gerade in nicht eigentümergeführten Unternehmen von besonderer Bedeutung, da das (angestellte) Management regelmäßig persönliche Ziele verfolgt (z. B. prestigeträchtige Büroräume oder Dienstwagen), die den Gewinn der Eigenkapitalgeber mindern bzw. ihren Interessen zuwiderlaufen können.

• **Fremdkapitalgeber**
Die Gläubiger sind in erster Linie an der Bonität des Unternehmens interessiert. Für sie steht die Information im Vordergrund, ob das Unternehmen seinen Zins- und Tilgungsverpflichtungen vollständig und fristgerecht nachkommen kann.

• **Mitarbeiter**
Die Mitarbeiter erwarten sich vor allem Informationen über die künftige Unternehmensentwicklung, um daraus folgern zu können, ob ihre Arbeitsplätze, ihre betrieblichen Sozialleistungen und etwaige erfolgsabhängige Vergütungen gesichert sind.

• **Kunden**
Die Kunden des Unternehmens sind insbesondere an der wirtschaftlichen Stabilität ihres Lieferanten interessiert, um unvorhergesehene Beschaffungsausfälle zu verhindern.

Interessen-
konflikt der
Adressaten

Der Interessenkonflikt der Adressaten kommt z. B. darin zum Ausdruck, dass die Eigenkapitalgeber an einer höheren Gewinnausschüttung interessiert sein könnten, als es den Gläubigern recht ist. Im Zweifelsfall bevorzugen die Gläubiger von daher konservative, tendenziell zu einem geringeren Ergebnis führende Bilanzierungsregeln, damit verhindert wird, dass zu hohe Beträge an die Eigenkapitalgeber ausgeschüttet werden können.

Die handelsrechtliche Rechnungslegung bezweckt grundsätzlich einen angemessenen Interessenausgleich zwischen den einzelnen Adressatengruppen. Bitte beachten Sie diesbezüglich aber, dass **Gläubigerschutz, Vorsichtsprinzip** und **Objektivierung** ein deutlich höheres Gewicht besitzen als etwa nach internationalen Rechnungslegungsstandards (IFRS).

Neben den oben genannten Kernaufgaben erfüllt der Jahresabschluss insbesondere eine **Dokumentationsfunktion**. Bei etwaigen rechtlichen Auseinandersetzungen, z. B. über Ansprüche Dritter oder Unterschlagungsvorwürfe, kann er zusammen mit den Handelsbüchern als Beweisurkunde dienen (§§ 258, 260 HGB). Vor diesem Hintergrund sind vor allem auch die gesetzlichen Aufbewahrungsfristen zu beachten (§ 257 HGB).

2.2 Die Ausschüttungsbemessungsfunktion

Mit dem handelsrechtlichen Jahresabschluss wird ermittelt, in wel- Gewinn-
cher Höhe das Unternehmen Gewinne erzielt hat. Daraus können ansprüche
die Eigenkapitalgeber die Höhe ihrer Gewinnansprüche ableiten.
Die ermittelten Gewinnanteile müssen nicht zwangsläufig an die
Eigenkapitalgeber ausgeschüttet werden, sondern können zur Stär-
kung der Eigenkapitalbasis des Unternehmens auch ganz oder teilweise einbehalten (thesauriert) werden. Auf der anderen Seite ist die
Höhe der Ausschüttungen an die Gewinnberechtigten nicht unbedingt auf den Periodenerfolg beschränkt. Es können z. B. in der
Vergangenheit thesaurierte Gewinne beim Unternehmen vorliegen,
die sich die Eigenkapitalgeber nunmehr auszahlen lassen.

Mit dem Gewinnausweis wird den Eigenkapitalgebern verdeutlicht, Gewinnausweis
ab wann sie beginnen, dem Unternehmen über den (vorsichtig)
ermittelten Jahreserfolg hinaus Kapital zu entziehen. Neben dieser
Selbstinformation mit dem Zweck der **Kapitalerhaltung** beinhaltet
das Gesetz bestimmte **ausschüttungsbegrenzende Normen**, die
entweder bei der Gewinnermittlung oder erst auf der Ebene der
Auszahlung des als Gewinn festgestellten Betrags ansetzen. Sie sollen
verhindern, dass es zu Gewinnabflüssen kommt, die den Interessen
von Gesellschaftern und Dritten, insbesondere der Gläubiger, zuwiderlaufen.

Zu diesen gesetzlichen Restriktionen gehören z. B. die folgenden
Regelungen:

- Für Kapitalgesellschaften gelten im Zusammenhang mit einer
  Inanspruchnahme der Bilanzierungshilfen der §§ 269 und 274
  Abs. 2 HGB (Bilanzansatz von Ingangsetzungs- oder Erweiterungsaufwendungen oder aktivischer latenter Steuern) Aus-
  schüttungssperren, die an späterer Stelle erläutert werden.

- Bei einer GmbH können die Gesellschafter nicht auf den Jahreserfolg zugreifen, sondern haben *Anspruch auf den Jahresüberschuss zuzüglich eines Gewinnvortrags abzüglich eines Verlustvortrags (Bilanzgewinn), soweit der sich ergebende Betrag nicht durch
  Gesetz [...] von der Verteilung ausgeschlossen ist* (§ 29 Abs. 1
  GmbHG). Für die Aktionäre einer AG beinhaltet § 58 Abs. 4
  AktG eine vergleichbare Regelung.

- Eine gesetzliche Beschränkung im Hinblick auf die Verteilung des Bilanzgewinns sieht § 150 AktG für AGs vor, die bestimmte Beträge in eine gesetzliche Rücklage einstellen müssen.

Gewinn-berechnung

Einer über die Interessengruppen hinweg anerkannten Ausschüttungsbemessungsfunktion ist es zweckdienlich, dass der Gewinn nach möglichst **objektiven Regeln** berechnet wird. Mit Blick auf den Schutz der Gläubigerinteressen sieht das deutsche Bilanzrecht dabei traditionell eine vorsichtige Gewinnermittlung vor. Auf eine Kurzformel gebracht, bedeutet dies, dass im Jahresabschluss nur solche Gewinne ausgewiesen werden dürfen, die sich bereits am Markt bestätigt haben.

Beispiel

Die Stick AG hat vor einiger Zeit ein Grundstück zu Anschaffungskosten von 500.000 € erworben. Der Marktwert zum aktuellen Abschlussstichtag beträgt 600.000 €. Diese Wertsteigerung darf den Gewinn der Stick AG nach den handelsrechtlichen Bilanzierungsregeln nicht erhöhen, da sie am Markt noch nicht bestätigt wurde. Es ist durchaus möglich, dass der Wert in den kommenden Jahren wieder sinkt.

Verkauft die Stick AG das Grundstück dagegen in einem Geschäftsjahr zu einem Verkaufspreis von 600.000 €, bestätigt der Markt in diesem Zeitpunkt die Wertsteigerung. Sie erzielt in diesem Jahr einen ausschüttungsfähigen Gewinn in Höhe von 100.000 €.

2.3 Die Informationsfunktion

Wirtschaftslage des Unternehmens

Wie bereits zum Ausdruck gebracht wurde, soll der Jahresabschluss nicht nur der Selbstinformation des Kaufmanns über den ausschüttungsfähigen Gewinn dienen. Hinzu tritt grundsätzlich auch die Zielsetzung, die Jahresabschlussadressaten ganz allgemein über die tatsächliche wirtschaftliche Lage des Unternehmens zu unterrichten und sie mit dieser Information in die Lage zu versetzen, ihren spezifischen Interessen gerecht werdende, fundierte Entscheidungen zu treffen. In dem Zusammenhang wird im Allgemeinen von **Entscheidungsnützlichkeit** (*decision usefulness*) gesprochen.

Mit Blick auf dieses Verständnis der Informationsaufgabe ist die objektiviert-vorsichtige Bilanzierungskonzeption des handelsrechtlichen Jahresabschlusses in der jüngeren Vergangenheit kritisiert worden. Die vermeintliche Überbetonung des Gläubigerschutzgedankens werde gerade den Informationsbedürfnissen der bestehenden und potenziellen Investoren in ein Unternehmen nicht gerecht, lautet der Tenor der Kritiker. In der Tat ist es sehr zweifelhaft, ob z. B. die bilanziell auszuweisenden Anschaffungswerte von Immobilien, die seit vielen Jahren gehalten werden, die wirkliche Vermögenslage eines Unternehmens noch korrekt darstellen, wenn die Marktwerte zwischenzeitlich um ein Vielfaches gestiegen sind.

2.4 Die Handelsbilanz als Grundlage für die Besteuerung

Der handelsrechtliche Jahresabschluss ist zugleich Basis für die steuerliche Gewinnermittlung. Dieses Prinzip der **Maßgeblichkeit der Handelsbilanz für die Steuerbilanz** ergibt sich aus § 5 Abs. 1 Satz 1 EStG. Danach sind die handelsrechtlichen Wertansätze in die Steuerbilanz zu übernehmen, es sei denn, das Steuerrecht schreibt einen anderen Wertansatz vor.

Maßgeblichkeitsprinzip

Dies gilt nach Auslegung des Bundesfinanzhofs nicht, soweit einem handelsrechtlichen Bilanzierungswahlrecht kein korrespondierendes steuerliches Pendant gegenübersteht. Für solche Fälle gelten vielmehr folgende Regeln:

* Ein handelsrechtliches *Aktivierungswahlrecht* führt zu einem steuerlichen *Aktivierungsgebot*.
* Ein handelsrechtliches *Passivierungswahlrecht* führt zu einem steuerlichen *Passivierungsverbot*.

§ 5 Abs. 1 Satz 2 EStG legt darüber hinaus fest, dass *steuerliche Wahlrechte bei der Gewinnermittlung in Übereinstimmung mit der handelsrechtlichen Jahresbilanz auszuüben* sind. Anders ausgedrückt können Sie steuerliche Vergünstigungswahlrechte (z. B. Sonderabschreibungen) nur dann in Anspruch nehmen, wenn im HGB-Abschluss genauso verfahren wird. Voraussetzung hierfür ist natürlich, dass das HGB eine entsprechende Bilanzierung auch zulässt. Die Regelungen, die den handelsrechtlichen Jahresabschluss für diese steuerlichen Einflüsse öffnen (§§ 247 Abs. 3, 254, 273, 279 Abs. 2, 280 Abs. 2 HGB), werden Sie später noch kennen lernen (vgl. Kapitel 5.2.2, 5.7.3).

Prinzip der umgekehrten Maßgeblichkeit

Im Falle von handels- und steuerrechtlich korrespondierenden Wahlrechten bestimmt die steuerbilanzielle Behandlung also de facto die Ausübung des Bilanzierungswahlrechts im handelsrechtlichen Jahresabschluss. Daher wird in diesem Zusammenhang auch vom **Prinzip der umgekehrten Maßgeblichkeit** gesprochen.

Exkurs: Rechnungslegung nach IFRS

Rechnungslegung nach IFRS

Im Gegensatz zum handelsrechtlichen Jahresabschluss verfolgt die **Rechnungslegung nach IFRS** (*International Financial Reporting Standards*, vormals IAS = *International Accounting Standards*) ausschließlich Informationszwecke. Es ist danach ausdrücklich Ziel des Jahresabschlusses, die Adressaten mit entscheidungsnützlichen (Finanz-)Informationen zu versorgen (F.12 des Rahmenkonzepts der IFRS). Einflüsse aus zweckfremden Aufgaben – wie im handelsrechtlichen Jahresabschluss – sollen nach der so genannten internationalen Rechnungslegung somit vermieden werden.

Informationsfunktion für Kapitalmärkte

Vor dem Hintergrund der Bedeutung der Informationsfunktion für die Kapitalmärkte ist die Anwendung der IFRS in Deutschland bisher nur für die **Konzernrechnungslegung kapitalmarktorientierter Unternehmen** verpflichtend vorgeschrieben.

- Ein **Konzern** ist – sehr vereinfacht ausgedrückt – ein Verbund von rechtlich selbstständigen Unternehmen, über die das so genannte Mutterunternehmen (die Konzernspitze) die Leitungsmacht besitzt. Der *Konzernabschluss* stellt den „Jahresabschluss" des wirtschaftlichen Verbunds unter der Fiktion dar, dass die darin eingehenden Einheiten auch rechtlich ein einziges Unternehmen wären.

- Ein **kapitalmarktorientiertes Unternehmen** ist dadurch gekennzeichnet, dass es einen organisierten Kapitalmarkt im Sinne des Wertpapierhandelsgesetzes durch von ihm ausgegebene Wertpapiere (z. B. Aktien oder Anleihen) in Anspruch nimmt. Unternehmen, von denen schon Wertpapiere am Kapitalmarkt gehandelt werden, werden dabei solche Unternehmen gleichgestellt, die bis zum Abschlussstichtag die Zulassung eines Wertpapiers zum Handel an einem inländischen Kapitalmarkt beantragt haben (§ 315a Abs. 2 HGB).

Für den Jahresabschluss der einzelnen Konzernunternehmen (in Abgrenzung vom Konzernabschluss auch Einzelabschluss genannt) haben diese nach wie vor die Vorschriften des HGB zu beachten. Zwar hat es die entsprechende EU-Verordnung zur europaweiten Anwendung der IFRS-Regeln den Mitgliedstaaten frei gestellt, die IFRS auch auf Einzelabschlussebene verpflichtend vorzuschreiben, jedoch hat der deutsche Gesetzgeber davon (noch) keinen Gebrauch gemacht. Dies wird damit begründet, dass die rein informationsbezogene IFRS-Rechnungslegung für die weiteren Aufgaben des deutschen Jahresabschlusses (Ausschüttungsbemessung, Besteuerungsgrundlage) ungeeignet erscheint.

Anwendungsbereich

Die folgende Übersicht gibt den gegenwärtigen Anwendungsbereich der IFRS wieder:

Übersicht: Anwendungsbereich der IFRS-Rechnungslegung

	Konzernabschluss	Einzelabschluss
Kapitalmarktorientierte Unternehmen	Pflicht zur IFRS-Anwendung (§§ 315a Abs. 1 HGB, 11 Abs. 6 PublG)	Pflicht zur HGB-Anwendung
Nicht kapitalmarktorientierte Unternehmen	Wahlrecht zur HGB- oder IFRS-Anwendung (§§ 315a Abs. 3, 11 Abs. 6 HGB)	Pflicht zur HGB-Anwendung

Nach der gegenwärtigen Rechtslage kann es dazu kommen, dass ein inländisches kapitalmarktorientiertes Mutterunternehmen bis zu vier unterschiedliche Jahresabschlüsse erstellen muss:

1. einen handelsrechtlichen Jahresabschluss (nebst Lagebericht), der als Ausschüttungsbemessungsgrundlage dient;
2. eine Steuerbilanz zur Bemessung der Ertragsteuern;
3. einen Konzernabschluss nach IFRS (nebst Konzernlagebericht), der Informationszwecken dient;
4. einen Konzernabschluss nach US-amerikanischen Bilanzierungsnormen (US-GAAP), sofern das Unternehmen am US-amerikanischen Kapitalmarkt notiert ist, da die dortige Wertpapieraufsichtsbehörde die nach IFRS erstellten Konzernabschlüsse bislang nicht anerkennt.

3 Ableitung des Jahresabschlusses

3.1 Buchführung und Inventar

Laut Gesetz ist jeder Kaufmann verpflichtet, eine ordnungsgemäße Buchführung zu unterhalten und zum Ende des Geschäftsjahres eine Jahresinventur seines Vermögens und seiner Schulden durchzuführen, deren Ergebnisse im Inventar zu dokumentieren sind (§§ 238 Abs. 1, 240 Abs. 2 HGB). Die Dauer des Geschäftsjahrs darf dabei 12 Monate nicht übersteigen (§ 240 Abs. 2 HGB), kürzere Perioden (so genannte Rumpf-Geschäftsjahre) sind dagegen möglich.

Buchführung und Inventar sind dabei die wesentlichen Grundlagen für die Ableitung der Jahresabschlusswerte. Sie haben folgenden Inhalt:

- In der **Buchführung** sind auf der Grundlage der vorliegenden Belege alle Geschäftsvorfälle des Geschäftsjahrs richtig, zeitgerecht und sachlich geordnet zu erfassen (§ 239 Abs. 2 HGB).

- Im **Inventar** sind die Vermögensgegenstände und Schulden des Unternehmens vollständig aufzuführen und deren Menge und Wert anzugeben.

Funktion des Inventars

Das Inventar hat eine Nachweisfunktion. Daneben dient es vor allem der Überprüfung der Buchbestände. Wenn das Inventar abweichende Bestände ausweist, müssen Sie die Buchbestände korrigieren und an das Inventar anpassen. Das Inventar stellt somit sicher, dass die in der Bilanz abgebildeten Vermögens- und Schuldposten auch tatsächlich vorhanden sind.

> **Achtung:**
> In zahlreichen Fällen der Bilanzkriminalität hat dieser Überprüfungs- und Korrekturmechanismus eben gerade nicht funktioniert. So existierten beim milliardenschweren FlowTex-Skandal die meisten der in der Bilanz ausgewiesenen Bohrsysteme nur auf dem Papier. Durch Manipulationen der Inventur wurde erreicht, dass diese massive Diskrepanz zwischen Buchbeständen und tatsächlichen Beständen nicht aufgedeckt wurde.

Die Zusammenhänge zwischen den Vorjahreswerten („Eröffnungsbilanz"), der Buchführung des aktuellen Geschäftsjahrs, dem Inventar zum Bilanzstichtag und dem Jahresabschluss stellt die folgende Übersicht dar. Wie oben beschrieben, sind die Buchführungsangaben dabei zunächst mit den Ergebnissen des Inventars abzugleichen. Etwaige Korrekturen bilden dann einen Teil der Abschlussbuchungen; weitere Abschlussbuchungen betreffen z. B. die Abschreibungen von Vermögenswerten und die Bildung von Rückstellungen, soweit diese noch nicht in die laufende Buchführung eingeflossen sind.

Übersicht: Zusammenhang zwischen Eröffnungs- und Schlussbilanz

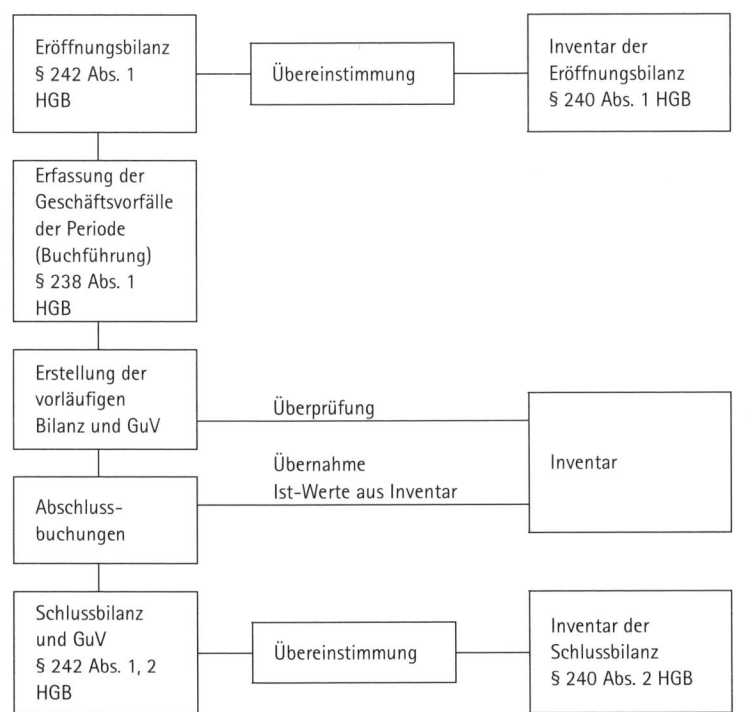

3.2 Inventurverfahren

Die vorhandenen Bestände können Sie mithilfe unterschiedlicher Inventurverfahren bestimmen. Was Art und Umfang der Aufnahme von Vermögen und Schulden angeht, sind folgende **Inventurmethoden** zu unterscheiden:

Körperliche Bestandsaufnahme

Bei der körperlichen Bestandsaufnahme erfolgt die Ermittlung durch Zählen, Messen, Wiegen und ggf. Schätzen.

Je nach Vermögensart kann eine vollständige Aufnahme (*lückenlose Inventur*; § 240 Abs. 1, 2 HGB) oder eine teilweise Erfassung des Bestands unter Hochrechnung des Wertes der gebildeten Stichprobe auf den Gesamtbestand (*Stichprobeninventur*; § 241 Abs. 1 HGB) zur Anwendung kommen. Die Stichprobeninventur setzt dabei eine aussagekräftige Lagerhaltung sowie die Anwendung von anerkannten mathematisch-statistischen Methoden voraus.

Buch- oder Beleginventur

Zahlreiche Vermögensgegenstände und die Schulden sind nicht körperlicher Art. Dazu zählen z. B. Forderungen und Verbindlichkeiten. In diesen Fällen sind die Bestandsmengen und -werte aus betrieblichen oder externen Aufzeichnungen zu erheben.

So erfolgt z. B. die Inventur der Forderungen und Verbindlichkeiten im Allgemeinen anhand von Saldenbestätigungen sowie Debitoren- bzw. Kreditorensaldenlisten. Ebenso wird in der Praxis meist auch das Anlagevermögen nicht jährlich körperlich aufgenommen. Stattdessen wird ein ordnungsgemäßes Anlagenverzeichnis geführt, das der Bestandsermittlung zu Grunde gelegt wird.

Im Unterschied dazu werden Vorratsbestände in der Regel körperlich aufgenommen. Ausnahmen können sich z. B. bei automatisch gesteuerten Lagersystemen ergeben. Dafür müssen jedoch strenge Voraussetzungen an die Bestandssicherheit und die Erfassung von Lagerbewegungen erfüllt sein. Dazu zählen etwa Zutrittsbeschränkungen sowie automatisch kontrollierte Fortschreibungen bei jeder Ein- und Auslagerung.

Wahl des Aufnahmezeitpunkts

Die Jahresinventur muss nicht zwingend am Abschlussstichtag durch- geführt werden. Für die *Wahl des Aufnahmezeitpunktes* stehen Ihnen vielmehr verschiedene Möglichkeiten (**Inventursysteme**) offen:

- Bei der **reinen Stichtagsinventur** werden die Bestände am Abschlussstichtag selbst und/oder an dem davor oder danach liegenden Tag, an dem nicht gearbeitet wird, aufgenommen.
- Sie können die Bestandsaufnahme aber auch innerhalb eines Zeitraums von zehn Tagen vor oder nach dem Abschlussstichtag durchführen (**zeitlich ausgeweitete Stichtagsinventur**). Die Zu- und Abgänge zwischen Abschlussstichtag und Aufnahmezeitpunkt müssen Sie dann jedoch anhand von Buch- und Belegnachweisen berücksichtigen; d. h., Sie müssen eine Rückrechnung oder Fortschreibung auf den Abschlussstichtag vornehmen.
- Bei der **vor- oder nachverlegten Stichtagsinventur** können Sie die Bestandsaufnahme ganz oder teilweise innerhalb der letzten drei Monate vor oder der ersten zwei Monate nach dem Abschlussstichtag durchführen (§ 241 Abs. 3 HGB). In diesem Fall ist ein besonderes Inventar auf den Aufnahmestichtag zu erstellen, das wertmäßig auf den Abschlussstichtag fortzuschreiben bzw. zurückzurechnen ist.
- Die **permanente Inventur** ist dadurch charakterisiert, dass unterschiedliche Bestände zu unterschiedlichen Zeitpunkten im Laufe des Geschäftsjahrs aufgenommen werden. Zum Abschlussstichtag werden die einzelnen Inventarpositionen dann aus den laufenden Bestandsfortschreibungen der Buchführung übernommen. An diese Fortschreibungen der Inventurergebnisse werden allerdings strenge Anforderungen gestellt. Bei Anwendung der permanenten Inventur sollten Sie die Aufnahmezeitpunkte so auf das Geschäftsjahr verteilen, dass die jeweils aufzunehmenden Bestände erfahrungsgemäß möglichst niedrig sind.

Tipp: Formulieren Sie eine Inventurrichtlinie

Um eine ordnungsgemäße Aufnahme und Aufzeichnung der Bestände sicherzustellen, sollten Unternehmen mit größeren Vorratsbeständen und einer größeren Anzahl von an der Inventur beteiligten Personen die Grundsätze zur Durchführung der Inventur mittels einer *Inventurrichtlinie oder -anweisung* vorgeben.

4 Grundsätze ordnungsmäßiger Buchführung (GoB)

4.1 Das GoB-System als tragende Säule der Rechnungslegung

Generalnorm

Die Grundsätze ordnungsmäßiger Buchführung (GoB) stellen seit jeher einen zentralen Begriff für die Aufstellung des handelsrechtlichen Jahresabschlusses dar. So verweisen die für alle Kaufleute geltenden Vorschriften des § 243 Abs. 1 HGB ausdrücklich darauf, dass der Jahresabschluss nach den GoB aufzustellen ist. Ebenso wichtig für die Praxis ist die so genannte **Generalnorm** des § 264 Abs. 2 HGB, die auf Kapitalgesellschaften und voll haftungsbeschränkte Personenhandelsgesellschaften anzuwenden ist. Sie verlangt, da*ss der Jahresabschluss unter Beachtung der Grundsätze ordnungsmäßiger Buchführung ein den tatsächlichen Verhältnissen entsprechendes Bild der Vermögens-, Finanz- und Ertragslage zu vermitteln hat*. Das darin enthaltene so genannte Gebot des *True and fair view* bzw. der *Fair presentation* beinhaltet also vor allem aus Gründen der Objektivierung die GoB als begrenzendes Element. Eine Abweichung von den GoB ist somit auch dann nicht zulässig, wenn der Bilanzierende der Ansicht ist, dass dadurch die tatsächlichen Verhältnisse zutreffender abgebildet werden.

> **Beispiel:**
>
> Nehmen Sie an, ein Unternehmen hält seit vielen Jahren ein Grundstück in seinem Vermögen, dessen ursprüngliche Anschaffungskosten 100.000 € betragen haben. Mittlerweile beträgt der geschätzte Marktwert des Grundstücks ein Vielfaches des ursprünglichen Kaufpreises.
>
> Der tatsächliche Vermögenswert ist also im Zeitablauf deutlich gestiegen. Trotzdem darf das Unternehmen im Jahresabschluss die Anschaffungskosten nicht überschreiten. Dies ist auf die GoB, namentlich

lich das Realisationsprinzip des § 252 Abs. 1 Nr. 4 HGB zurückzuführen, das eine Berücksichtigung unrealisierter Gewinne untersagt. Sie werden das Realisationsprinzip an späterer Stelle noch ausführlich kennen lernen.

Das Beispiel zeigt Ihnen bereits, dass einige – und zwar die wichtigsten – GoB *gesetzlich normiert* sind. Darüber hinaus existieren aber auch *nicht gesetzlich kodifizierte* GoB. So ist es z. B. allgemein anerkannte Praxis, schwebende Geschäfte nicht zu bilanzieren, soweit und solange sich Leistung und Gegenleistung aus den Geschäften ausgleichen (vgl. auch Kapitel 5.3.3).

Achtung:
Besondere Bedeutung besitzt das System der GoB vor allem bei gesetzlich ungeregelten Bilanzierungsfragen (z. B. der Bilanzierung von Leasingverhältnissen oder der Umrechnung von Fremdwährungsposten) sowie der Auslegung von Ermessensspielräumen (z. B. der Wahl der Abschreibungsmethode). Solche Regelungslücken sind im Sinne der GoB auszufüllen.

Weitere Anwendungsbereiche der GoB
Die GoB beschränken sich im Übrigen nicht allein auf Fragen der Aufstellung des Jahresabschlusses, sondern umfassen folgende Anwendungsbereiche:

* Buchführung (§§ 238 Abs. 1, 239 Abs. 4 HGB)
* Inventur (§ 241 Abs. 1, Abs. 2 HGB)
* Bilanzierung (§§ 243 Abs. 1, 264 Abs. 2 HGB)

Zudem sind die handelsrechtlichen GoB auch für die steuerrechtliche Gewinnermittlung maßgebend (§ 5 Abs. 1 EStG, § 141 Abs. 1 Satz 2 AO).

Die Übersicht auf der folgenden Seite vermittelt Ihnen einen Überblick über die wichtigsten GoB, die anschließend näher erörtert werden. Unterschieden wird dabei zwischen Rahmengrundsätzen, Abgrenzungsgrundsätzen und ergänzenden Grundsätzen.

Übersicht: Grundsätze ordnungsmäßiger Buchführung

I. Rahmengrundsätze	
Richtigkeit und Willkürfreiheit	
Klarheit und Übersichtlichkeit	
Vollständigkeit	
Pagatorik	
Einzelbewertung	
II. Abgrenzungsgrundsätze	
Realisationsprinzip	
Periodisierungsprinzip (Prinzip der Abgrenzung der Sache und der Zeit nach)	
Imparitätsprinzip	
III. Ergänzende Grundsätze	
Kontinuität	
Vorsichtsprinzip	
Unternehmensfortführung (*Going concern*)	
Wesentlichkeit und Wirtschaftlichkeit	

Des Weiteren ist auf die so genannten Dokumentationsgrundsätze – auch GoB im engeren Sinn bezeichnet – hinzuweisen. Diese Grundsätze befassen sich mit der sachgerechten, buchmäßigen Erfassung der Geschäftsvorfälle. Auf sie wird an dieser Stelle nicht näher eingegangen.

4.2 Rahmengrundsätze

4.2.1 Richtigkeit und Willkürfreiheit

Der Jahresabschluss ist dann als richtig zu beurteilen, wenn er *den gesetzlichen Vorschriften entspricht.* Dabei sind alle gesetzlich kodifizierten und auch die nicht kodifizierten GoB zu beachten. Die Wertansätze des Jahresabschlusses müssen des Weiteren nachprüfbar sein und aus ordnungsgemäßen Belegen und Abbildungsregeln hergeleitet werden können.

Aber selbst ein unter Anwendung der handelsrechtlichen Abbildungsregeln zustande gekommener Jahresabschluss muss nicht zwangsläufig richtig sein. Vielmehr kann der Bilanzierende an den Stellen, die eine subjektive Einschätzung der für die Bilanzierung maßgebenden Verhältnisse erfordern, willkürlich verzerrte Werte wählen.

Subjektive Einschätzungen

Beispiel:

Ein Unternehmen bewertet seine Forderungen aus Lieferungen und Leistungen. Zu diesem Zweck wird die Höhe des Einzelwertberichtigungsbedarfs subjektiv eingeschätzt. Wenn dabei ein zu hohes Risiko angenommen wird, das nicht begründet werden kann, legt das Unternehmen willkürlich stille Reserven an, indem es die Forderungen bewusst unterbewertet.

Das Gebot der Willkürfreiheit ist somit der Maßstab für eine zutreffende Berücksichtigung subjektiver Einschätzungen und Erwartungen.

4.2.2 Klarheit und Übersichtlichkeit

Gemäß § 243 Abs. 2 HGB ist der Jahresabschluss *klar und übersichtlich aufzustellen.* Diese Forderung zielt auf die äußere Form des Jahresabschlusses und die Art der Informationsdarstellung ab.

Danach sind die Posten der Bilanz und der Gewinn-und-Verlust-Rechnung eindeutig zu bezeichnen, den gesetzlichen Vorgaben entsprechend zu ordnen und hinreichend zu untergliedern. Die Aufgliederung darf aber keinesfalls übermäßig sein. Ebenso ist eine Überfrachtung mit Informationen zu vermeiden. Damit soll der Gefahr begegnet werden, dass formelle Gestaltungsfreiheiten dazu eingesetzt werden, die tatsächliche wirtschaftliche Lage des Unternehmens zu verschleiern.

Der Grundsatz der Klarheit und Übersichtlichkeit spiegelt sich u. a. in den folgenden Vorschriften wider:

- Saldierungsverbot für Posten (§ 246 Abs. 2 HGB)
- Aufstellung eines Anlagenspiegels (§ 268 Abs. 2 HGB)
- Gesonderter Ausweis des Sonderpostens mit Rücklageanteil (§ 247 Abs. 3, § 281 Abs. 2 Satz 2 HGB)

4.2.3 Vollständigkeit

Der Gesetzgeber fordert ausdrücklich, dass die Eintragungen in Büchern und die sonst erforderlichen Aufzeichnungen vollständig sein müssen (§ 239 Abs. 2 HGB). Das bedeutet: Der Jahresabschluss muss sämtliche Vermögensgegenstände, Schulden, Rechnungsabgrenzungsposten, Aufwendungen und Erträge enthalten (§ 246 Abs. 1 HGB).

*Stichtags-
prinzip*

Bei der Abbildung der Posten von Bilanz und Gewinn-und-Verlust-Rechnung sind nach dem *Stichtagsprinzip* die Verhältnisse zum Abschlussstichtag zu Grunde zu legen (§ 252 Abs. 1 Nr. 3 und 4 HGB). Dabei stellt sich die Frage, inwieweit Sie noch *Informationen, die nach dem Abschlussstichtag bekannt werden,* im Jahresabschluss des vorangegangenen Geschäftsjahrs berücksichtigen müssen:

Fall 1: Wertaufhellende Informationen

Erhalten Sie nach dem Stichtag Informationen über Tatsachen, die schon vor dem Stichtag eingetreten sind, handelt es sich insoweit um **wertaufhellende** Informationen. Diese sind nach dem Wortlaut des Gesetzes im Jahresabschluss zu berücksichtigen, wenn sie bis zum Tag der Aufstellung des Jahresabschlusses bekannt werden (§ 252 Abs. 1 Nr. 4 HGB).

> **Achtung:**
> Da der Tag der Aufstellung nicht gesetzlich definiert ist, ist bei Kapitalgesellschaften in der Praxis auch eine Berücksichtigung mindestens bis zur Feststellung des Jahresabschlusses möglich.

Beispiel:

Zwei Tage vor dem Abschlussstichtag (31.12.06) wird das Insolvenzverfahren über das Vermögen der A GmbH eröffnet. Der Bilanzierende, der eine Forderung gegenüber A hat, erfährt davon erst im Februar 07.

Die Forderung zum 31.12.06 muss wertberichtigt werden, da der Schuldner bereits vor dem Abschlussstichtag insolvent ist. Die Information im Februar 07 ist für den Bilanzierenden wertaufhellend.

Fall 2: Wertbegründende Informationen

Gehen Ihnen dagegen Informationen über Tatsachen zu, die erst nach dem Stichtag eingetreten sind, spricht man von **wertbegründenden** Informationen. Diese dürfen in den Jahresabschluss des vorherigen Geschäftsjahrs nicht eingehen.

Beispiel:

Zum Abschlussstichtag (31.12.06) wird die Forderung eines Schuldners, der seinen Verpflichtungen aufgrund von großen Zahlungsschwierigkeiten bislang nur sehr stockend nachgekommen ist, wertberichtigt. Fünf Tage nach dem Abschlussstichtag erbt der Schuldner eine größere Geldsumme und begleicht unmittelbar seine Schulden. Der Jahresabschluss wird im März 07 aufgestellt.

Die Forderung muss zum 31.12.06 wertberichtigt werden, da die Erbschaft erst nach dem Abschlussstichtag eintritt. Es liegt der Fall eines wertbegründenden Ereignisses vor.

Abgeschriebene, aber noch vorhandene Vermögensgegenstände müssen in Buchführung und Jahresabschluss mit einem Erinnerungswert (1 €) erscheinen. *Erinnerungswert*

4.2.4 Pagatorik

Der Jahresabschluss basiert auf der Periodisierung von Zahlungen (§ 252 Abs. 1 Nr. 5 HGB). Folglich dürfen nur solche Geschäftsvorfälle und Ereignisse darin berücksichtigt werden, die auch auf **Zahlungsvorgängen** beruhen. Mit anderen Worten: Es werden nur Aufwendungen/Erträge berücksichtigt, die irgendwann einmal auch zu Aus-/Einzahlungen führen oder geführt haben. Rein *kalkulatorische Elemente* sind in der handelsrechtlichen Rechnungslegung *nicht* zulässig (z. B. kalkulatorische Eigenkapitalkosten).

4.2.5 Einzelbewertung

Alle Vermögensgegenstände und Schulden sind grundsätzlich voneinander unabhängig, also einzeln zu bewerten (§ 252 Abs. 1 Nr. 3 HGB).

Beispiel:

Ein Unternehmen kauft zwei Aktien von unterschiedlichen Unternehmen. Die Anschaffungskosten betragen jeweils 100 € je Aktie. Zum Abschlussstichtag beträgt der Zeitwert der einen Aktie 110 € und der Zeitwert der anderen 90 €.

Wertsteigerung und Wertminderung dürfen Sie nicht miteinander verrechnen. Aufgrund des Anschaffungskostenprinzips geht die erste Aktie mit einem Wert von 100 € in die Bilanz ein. Die zweite Aktie ist nach dem Niederstwertprinzip mit einem Wert von 90 € in der Bilanz anzusetzen.

Ausnahmen

Das Gesetz sieht indes aus Praktikabilitäts- und Vereinfachungsgründen einige Ausnahmen zum Grundsatz der Einzelbewertung vor, z. B.

- die Fest- und Gruppenbewertung von Vermögensgegenständen (§ 240 Abs. 3, 4 HGB),
- die Sammelbewertung von Vermögensgegenständen (§ 256 HGB) und
- die Vornahme von Pauschalwertberichtigungen auf Forderungen.

4.3 Abgrenzungsgrundsätze

4.3.1 Realisationsprinzip

Ein zentraler Eckpfeiler des Bilanzrechts ist das Realisationsprinzip (§ 252 Abs. 1 Nr. 4 HGB). Danach sind *Gewinne nur zu berücksichtigen, wenn sie am Abschlussstichtag realisiert sind.* Das Realisationsprinzip stellt also auf den Zeitpunkt ab, in dem Gewinne (positive Erfolgsbeiträge) aus den erbrachten Lieferungen und Leistungen als erzielt gelten. *Bis zu* diesem *Zeitpunkt der Gewinnrealisierung* haben Sie unter den Vorräten die Herstellungskosten Ihrer Erzeugnisse bzw. unfertigen Leistungen z. B. mit folgender Buchung zu aktivieren:

Bestandsbuchung vor Gewinnrealisierung

Fertige Erzeugnisse		an Bestandserhöhungen	80

Im Zeitpunkt der Gewinnrealisierung erfassen Sie in der Gewinn-und-Verlust-Rechnung den Ertrag aus dem Geschäft und in der Bilanz eine Forderung bzw. eine Erhöhung der liquiden Mittel. Zum Abschlussstichtag wird dann der Abgang der fertigen Erzeugnisse gebucht. In der Gewinn-und-Verlust-Rechnung entsteht dabei ein Gewinn/Verlust in Höhe der Differenz von Umsatz und Bestandsminderung. Die folgende Buchung soll diesen Zusammenhang beispielhaft illustrieren:

Buchung bei Gewinnrealisierung

Forderungen	116	an	Umsatzerlöse	100
		an	Umsatzsteuer	16
Bestandsminderungen	80	an	Fertige Erzeugnisse	80

Wann gilt ein Gewinn als realisiert?

Ist dies etwa schon bei Abschluss eines verbindlichen Kaufvertrags der Fall oder aber mit Abwicklung der Lieferung bzw. der Erbringung? Oder tritt die Realisation erst bei Rechnungsstellung oder erst bei Zahlungseingang ein? Nach allgemeinem Verständnis gilt ein Gewinn dann als realisiert, sobald

• der Leistungserbringer die geschuldete Lieferung oder Dienstleistung erbracht hat,

• der Gegenstand aus dem Verfügungsbereich des Unternehmens ausgeschieden ist und

• die Abrechnungsfähigkeit gegeben ist.

Beispiel:

Am 05.06.06 schließt die Stick AG einen Kaufvertrag mit einem Kunden ab. Mit dem Vertrag verpflichtet sich die Gesellschaft, ihrem Kunden 100.000 T-Shirts zu einem Preis von 3 € je Stück zu verkaufen. Am 07.07.06 übergibt die Stick AG die T-Shirts an einen externen Transporteur. Dieser liefert die T-Shirts am 15.07.06 beim Kunden ab. Die Rechnung erhält der Kunde am 15.08.06.

Wann hat die Stick AG den Gewinn zu realisieren?

Im Zeitpunkt der Auslieferung an das Transportunternehmen am 07.07. hat die Stick AG alles in ihrer Macht stehende zur Übereignung der T-Shirts getan, selbst wenn der Kunde die Lieferung erst am 15.07. erhält.

Der Gewinn wird damit am 07.07. realisiert.

Das Realisationsprinzip hat zudem zur Folge, dass ein Ansatz von Vermögensgegenständen über deren Anschaffungs- oder Herstellungskosten (bei abnutzbaren Vermögensgegenständen verringert um planmäßige Abschreibungen) nicht in Betracht kommt (§ 252 Abs. 1 Satz 1 HGB). Andernfalls würden nämlich unrealisierte Gewinne ausgewiesen werden. Es wird in diesem Zusammenhang auch vom **Anschaffungswertprinzip** gesprochen. *(Randnotiz: Anschaffungswertprinzip)*

4.3.2 Prinzip der Abgrenzung der Sache und der Zeit nach

Der Grundsatz der Abgrenzung der Sache nach ergänzt das Realisationsprinzip. Er kommt in § 252 Abs. 1 Nr. 5 HGB zum Ausdruck: Aufwendungen und Erträge des Geschäftsjahrs sind *unabhängig von den Zeitpunkten der entsprechenden Zahlungen* im Jahresabschluss zu berücksichtigen. Den realisierten Erträgen sind also die zu ihrer *(Randnotiz: Abgrenzung der Sache nach)*

Erzielung erforderlichen Aufwendungen nach dem *Verursachungsprinzip* zuzuordnen, ungeachtet des Zahlungszeitpunkts.

Beispiel:

Ihr Unternehmen stellt ein bestimmtes Produkt her. Die Kosten für dessen Herstellung (Personal, Verbrauch von Rohstoffen, Abschreibungen auf Fertigungsmaschinen etc.) belaufen sich auf 100 €. Alle Kosten seien bilanziell aktivierungsfähig (Dies ist vom Begriff der Herstellungskosten abhängig, den Sie später noch kennen lernen werden). Die Aufwendungen für die Produktherstellung dürfen erst in dem Zeitpunkt den Erfolg belasten, in dem das Produkt veräußert wird. Bis dahin steht den Aufwendungen in der Gewinn-und-Verlust-Rechnung ein Ertrag in Höhe der Bestandserhöhung der fertigen Erzeugnisse in der Bilanz gegenüber:

Ausschnitt aus der Gewinn-und-Verlust-Rechnung 2006			
Diverse Aufwendungen	100	Bestandserhöhungen	100

Ausschnitt aus der Bilanz 2006			
Fertige Erzeugnisse	100	Verbindlichkeiten	100

Im Jahr 2007 wird der Gewinn realisiert (Verkauf zu 150 €, wobei von Umsatzsteuer abgesehen wird). Die Aufwendungen zur Herstellung werden nun in der Gewinn-und-Verlust-Rechnung berücksichtigt und es entsteht ein Jahresüberschuss von 50 €.

Ausschnitt aus der Gewinn-und-Verlust-Rechnung 2007			
Bestandsminderungen	100	Umsatzerlöse	150
Jahresüberschuss	50		

Ausschnitt aus der Bilanz 2007			
Forderungen	150	Jahresüberschuss	50
		Verbindlichkeiten	100

Abgrenzung der Zeit nach Der Grundsatz der Abgrenzung der Zeit nach bezieht sich auf die Erfassung von nicht leistungsbezogenen Aufwendungen und Erträgen in der Gewinn-und-Verlust-Rechnung. So werden z. B. zeitraumbezogene Mietaufwendungen und -erträge sowie Zinsaufwendungen und -erträge der Periode zugerechnet, in der sie ursächlich angefallen sind.

4.3.3 Imparitätsprinzip

Das Imparitätsprinzip fordert eine **ungleiche Behandlung von Gewinn- und Verlustbeiträgen.** Im Unterschied zum Realisationsprinzip fordert es, *alle vorhersehbaren Risiken und Verluste, die bis zum Abschlussstichtag entstanden sind, zu berücksichtigen, selbst wenn diese erst zwischen dem Abschlussstichtag und dem Tag der Aufstellung bekannt geworden sind* (§ 252 Abs. 1 Nr. 4 HGB). Nach dem Realisationsprinzip sind hingegen Gewinne, wie Sie zuvor schon gesehen haben, erst dann zu berücksichtigen, wenn sie sich am Markt konkretisiert haben.

Beispiel:

Sie haben im Geschäftsjahr 2006 ein Geschäft über den Verkauf von Waren abgeschlossen. Der vereinbarte Kaufpreis beträgt 100.000 €. Erst im nächsten Jahr wollen Sie selbst die Waren einkaufen und dann unmittelbar weiterveräußern.

Variante 1: Zum Abschlussstichtag stellen Sie fest, dass der Einkaufspreis für die Waren 110.000 € beträgt.

Variante 2: Zum Abschlussstichtag stellen Sie fest, dass der Einkaufspreis für die Waren 80.000 € beträgt.

In welchem Jahr müssen Sie den Verlust bzw. Gewinn berücksichtigen?

Variante 1: Aufgrund des Imparitätsprinzips müssen Sie den drohenden Verlust bereits im Jahr 2006 erfassen.

Variante 2: Aufgrund des Realisationsprinzips dürfen Sie den Gewinn erst im Jahr 2007 erfassen.

Das allgemeine Unternehmerrisiko (z. B. Konjunkturrückgang etc.) darf indes *nicht* explizit als Aufwand im Jahresabschluss berücksichtigt werden. Für derartige Ereignisse und Unwägbarkeiten sollte das Unternehmen z. B. durch die Bildung von angemessenen Rücklagen Vorsorge treffen.

Unternehmerrisiko

4.4 Ergänzende Grundsätze

4.4.1 Kontinuität

Nach dem Grundsatz der Kontinuität sind die Methoden, mittels derer der Jahresabschluss aufgestellt wird, im Zeitablauf beizubehalten. Das Ziel dieser Regelung ist einsichtig: Es soll die Vergleichbarkeit

Vergleichbarkeit der Abschlüsse

zeitlich aufeinander folgender Jahresabschlüsse und auch von Jahresabschlüssen unterschiedlicher Unternehmen ermöglicht werden.

Formen der Bilanzierungskontinuität
Es lassen sich drei Formen der Bilanzierungskontinuität unterscheiden:
1. **Bilanzidentität** (§ 252 Abs. 1 Nr. 1 HGB)
   Der Grundsatz der Bilanzidentität fordert, dass die Wertansätze der Eröffnungsbilanz des Geschäftsjahrs mit denen der Schlussbilanz des vorangehenden Geschäftsjahrs übereinstimmen.
2. **Formelle Kontinuität** (§ 265 Abs. 1 HGB)
   Die formelle Kontinuität betrifft die Stetigkeit der Darstellung, d. h. von Gliederung, Ausweis und Bezeichnung.
3. **Materielle Kontinuität**
   Die materielle Kontinuität bezieht sich zum einen auf die Beibehaltung der Bewertungsmethoden im Zeitablauf (Bewertungsstetigkeit), die im Zeitablauf erfolgen soll (§ 252 Abs. 1 Nr. 6 HGB). Eine Durchbrechung ist nur in begründeten Ausnahmefällen zulässig. Neben diesem zeitlichen Aspekt beinhaltet dieses Prinzip eine sachliche Komponente: Für gleiche Sachverhalte sind die gleichen Bewertungsmethoden anzuwenden (Bewertungseinheitlichkeit). Schließlich verlangt die materielle Kontinuität, die Wertansätze der Bilanzposten bei ansonsten unveränderten Bedingungen beizubehalten (Wertkontinuität).

> **Achtung:**
> Die Stetigkeit der Bilanzansatzmethoden wird nicht gefordert. Ansatzwahlrechte dürfen Sie folglich von Jahr zu Jahr und auch in vergleichbaren Fällen eines Geschäftsjahres unterschiedlich ausüben.

4.4.2 Vorsichtsprinzip

Gläubigerschutz Gemäß § 252 Abs. 1 Nr. 4 HGB hat der Bilanzierende vorsichtig zu bewerten. Im diesem Vorsichtsprinzip spiegelt sich der Gläubigerschutzgedanke des handelsrechtlichen Jahresabschlusses wider.
Das Vorsichtsprinzip kommt zum Tragen, wenn die Bewertungsvorschriften dem Bilanzierenden einen Ermessensspielraum lassen, insbesondere, wenn Schätzungen vorzunehmen sind. Eine vorsichtige Bewertung ist dabei aber nicht automatisch gleichbedeutend mit

einem Ansatz des pessimistischsten Wertes der Schätzbandbreite. Das Vorsichtsprinzip darf also nicht missverstanden werden als Rechtfertigung für eine beliebige Unterbewertung von Aktiva bzw. Überwertung von Passiva. Vielmehr sollte der *wahrscheinlichste Wert* ausgewiesen werden, ggf. ergänzt um eine *Vorsichtskomponente* in Form eines gewissen Wertab- oder -zuschlags.

4.4.3 Unternehmensfortführung

Der Grundsatz der Unternehmensfortführung (*Going concern*) besagt, dass bei der Bewertung grundsätzlich von der Fortführung des Unternehmens auszugehen ist (§ 252 Abs. 1 Nr. 2 HGB). Konkret heißt dies, dass z. B. bei der Bewertung des Anlagevermögens im Regelfall keine Liquidations- bzw. Einzelveräußerungswerte angesetzt werden können. Stattdessen werden die ursprünglichen Anschaffungs- oder Herstellungskosten fortgeschrieben. Ist allerdings zu einem bestimmten Zeitpunkt damit zu rechnen, dass das Unternehmen nicht fortgeführt wird oder werden kann, ist die *Going-concern*-Annahme aufzugeben, mit entsprechenden Konsequenzen für die Bewertung.

4.4.4 Wesentlichkeit und Wirtschaftlichkeit

Beide Grundsätze sind nicht ausdrücklich gesetzlich normiert, sondern lassen sich aus verschiedenen handelsbilanziellen Einzelvorschriften ableiten. Vor dem Hintergrund der Jahresabschlusszwecke können Sie zwischen Informationen, die für die Darstellung der wirtschaftlichen Lage wesentlich sind, und solchen, die als unwesentlich zu beurteilen sind, unterscheiden. Ist eine Information für die Erreichung des Ziels des Jahresabschlusses nicht notwendig, so ist sie unwesentlich und kann vernachlässigt oder verkürzt werden. Hier spielen auch Wirtschaftlichkeitsüberlegungen eine Rolle.

| **Tipp:**
Stellen Sie sich stets die Frage, ob der zusätzliche Aufwand der Ermittlung und Darstellung einer Information im Hinblick auf die Zwecke des Jahresabschlusses gerechtfertigt ist.

5 Die Bilanz

5.1 Allgemeine Bilanzierungsregeln

> **Bilanz**
> Die Bilanz ist die Gegenüberstellung von Aktiva und Passiva zu einem
> bestimmten Zeitpunkt. Die Aktiva umfassen insbesondere das Vermö-
> gen, die Passiva insbesondere die Schulden und das Eigenkapital des
> Unternehmens.

5.1.1 Die Unterscheidung zwischen Ansatz, Bewertung und Ausweis

Bilanzansatz

Um eine Bilanz aufstellen zu können, ist zunächst zu klären, wann
überhaupt ein *Vermögensgegenstand* oder eine *Schuld* vorliegt, der
bzw. die in der Bilanz anzusetzen ist (*Bilanzansatz*). Eine gesetzliche
Definition dieser Begriffe existiert insoweit nicht, was eine Ableitung
aus den GoB verlangt. In diesem Zusammenhang ist darüber hinaus
darauf einzugehen, ob und inwieweit andere Sachverhalte in der
Bilanz angesetzt werden können bzw. müssen (insbesondere das
Eigenkapital sowie die aktivischen und passivischen *Rechnungsabgrenzungsposten*; § 247 Abs. 1 HGB).

Bewertung
und Ausweis

Ist die Ansatzfrage geklärt, ist in einem zweiten Schritt festzulegen,
mit welchem Wert die Abbildung in der Bilanz zu erfolgen hat (*Bewertung*). Schließlich ist die Darstellung der Sachverhalte, insbesondere ihre Zusammenfassung zu Bilanzposten und deren Gliederung,
Gegenstand der Bilanzaufstellung (*Ausweis*).

Bei Bilanzierungsfragen sollten Sie somit stets präzise zwischen folgenden Teilaspekten unterscheiden:

1. Bilanzansatz (Bilanzierung dem Grunde nach)
2. Bewertung (Bilanzierung der Höhe nach)
3. Ausweis

5.1.2 Wann müssen Sie Vermögens- und Schuldposten in der Bilanz ansetzen?

Kriterien für die Aktivierungsfähigkeit
Der Ansatz eines Vermögensgegenstands auf der Aktivseite der Bilanz verlangt zweierlei:
1. der Sachverhalt ist unter Anlegung bilanzrechtlicher Maßstäbe als Vermögensgegenstand zu klassifizieren und
2. es existiert kein gesetzlicher Ausnahmetatbestand, der ein Ansatzwahlrecht für den Vermögensgegenstand gewährt oder sogar ein Ansatzverbot beinhaltet.

Die *Vermögensgegenstandseigenschaft* (so genannte abstrakte Aktivierungsfähigkeit) knüpft an folgende Voraussetzungen:

Abstrakte Aktivierungs- fähigkeit

- Das betreffende Gut muss gegenüber Dritten selbstständig verwertbar sein, z. B. mittels einer Veräußerung oder einer entgeltlichen Nutzungsüberlassung (z. B. Vermietung).
- Weiterhin muss das Gut selbstständig bewertbar sein, d. h. als Einzelheit bewertet werden können. Dies ist bei materiellen Gegenständen sowie bei immateriellen Gütern, die als Rechte konkretisiert sind, immer gegeben. Ein Werbefeldzug ist dagegen z. B. nicht selbstständig bewertbar und kann daher nicht als Vermögensgegenstand in der Bilanz abgebildet werden.

Wem ist der Vermögensgegenstand zuzurechnen?
Nachdem Sie festgestellt haben, dass die Eigenschaften eines Vermögensgegenstands erfüllt sind, müssen Sie noch klären, wem dieser Gegenstand bilanziell zuzurechnen ist. Dabei ist nicht das formalrechtliche, sondern das **wirtschaftliche Eigentum** maßgebend. Der Vermögensgegenstand muss von demjenigen in der Bilanz angesetzt werden, der diesen nutzen kann und der über die Ertrags- und Substanzchancen und -risiken verfügt. Wirtschaftliches und rechtliches Eigentum können dabei unter anderem in folgenden Fällen auseinander fallen:

- Eigentumsvorbehalt: Zurechnung zum Erwerber
- Kommissionsgeschäfte: Zurechnung zum Kommittenten

- Sicherungsübereignung[1]: Zurechnung zum Sicherungsgeber
- Leasing: Zurechnung je nach Ausgestaltung des Leasingvertrags

Konkrete Aktivierungsfähigkeit

Liegt ein dem Bilanzierenden zuzurechnender Vermögensgegenstand vor, müssen Sie schließlich klären, ob ein gesetzlicher Ausnahmetatbestand greift. Mit Blick auf diese Frage der so genannten konkreten Aktivierungsfähigkeit ist Folgendes zu beachten:

- Immaterielle Vermögensgegenstände des Anlagevermögens dürfen nur aktiviert werden, wenn sie entgeltlich erworben wurden (§ 248 Abs. 2 HGB). Selbsterstellte immaterielle Vermögensgegenstände des Anlagevermögens unterliegen also einem Ansatzverbot.
- Aufwendungen für die Gründung und Eigenkapitalbeschaffung dürfen nicht aktiviert werden (§ 248 Abs. 1 HGB).
- Nur das dem Unternehmen gewidmete (betriebliche) Vermögen darf in der Bilanz angesetzt werden. Bei Einzelkaufleuten und Personengesellschaften müssen Sie zwischen Privat- und Betriebsvermögen unterscheiden, wobei die Abgrenzung in der Praxis zumeist nach ertragsteuerlichen Grundsätzen erfolgt.

Zusätzlich zu den genannten Vorschriften für Vermögensgegenstände sieht das HGB weitere Ansatzpflichten und -wahlrechte für bestimmte Aktiva vor, die nach obigem Verständnis keine Vermögensgegenstände darstellen. Dies betrifft einerseits die aktivischen Rechnungsabgrenzungsposten (§ 250 Abs. 1 HGB) und andererseits die Ansatzwahlrechte für folgende Posten:

- Disagio-Beträge (§ 250 Abs. 3 HGB)
- erworbene Geschäfts- oder Firmenwerte (§ 255 Abs. 4 HGB)
- Ingangsetzungs- und Erweiterungsaufwendungen (§ 269 HGB)
- aktive latente Steuern (§ 274 Abs. 2 HGB)

Kriterien für die Passivierungsfähigkeit

Abstrakte Passivierungsfähigkeit

Auch in Bezug auf den Ansatz der Schulden müssen Sie zwischen abstrakter und konkreter Ansatz- bzw. Passivierungsfähigkeit unterscheiden. Damit eine Schuld gegeben ist, müssen in einem ersten

---

[1] Der Sicherungsgeber überträgt das rechtliche Eigentum auf den Sicherungsnehmer. Das wirtschaftliche Eigentum geht aber nur bei Nichterfüllung der vertraglichen Vereinbarungen über.

Schritt die folgenden Kriterien der abstrakten Passivierungsfähigkeit erfüllt sein:

• Es muss eine Verpflichtung des Unternehmens vorliegen. Diese kann sowohl gegenüber externen Dritten (*Außenverpflichtung*) als auch gegenüber sich selbst (*Innenverpflichtung*) bestehen.[2] Außenverpflichtungen können dabei sowohl rechtlich (öffentlich- oder bürgerlich-rechtlich) als auch faktisch begründet sein. Eine faktische Verpflichtung beruht auf wirtschaftlichen oder sozialen Notwendigkeiten, denen sich das Unternehmen nicht entziehen kann. Dazu gehören z. B. Kulanzleistungen für fehlerhafte Produkte, ohne dass eine rechtliche Gewährleistungsverpflichtung vorliegt. Innenverpflichtungen zeichnen sich dadurch aus, dass der Bilanzierende mit Schwierigkeiten für den Fortgang des Unternehmens rechnet, wenn er dieser nicht nachkommt (z. B. Generalüberholung einer Produktionsanlage).

• Die Verpflichtung muss mit einer wirtschaftlichen Belastung des Unternehmens einhergehen.

• Die wirtschaftliche Belastung muss quantifizierbar sein:
  – Steht die Höhe der Schuld sicher fest, handelt es sich um eine Verbindlichkeit.
  – Ist die Höhe der Schuld ungewiss, liegt eine Rückstellung vor.

• Die Verpflichtung muss selbstständig bewertbar sein, d. h. als Einzelheit bewertet werden können.

Im zweiten Schritt müssen Sie die konkrete Passivierungsfähigkeit untersuchen. Denn nicht alle Unternehmensschulden unterliegen auch einer *Passivierungspflicht*. So sieht der Gesetzgeber eine solche nur für zwei Arten von Innenverpflichtungen (Aufwandsrückstellungen) vor, und zwar für (§ 249 Abs. 1 HGB): *Konkrete Passivierungsfähigkeit*

1. Aufwendungen für unterlassene Instandhaltung, die innerhalb von drei Monaten nach dem Abschlussstichtag nachgeholt werden,

2. Aufwendungen für unterlassene Abraumbeseitigung, die im folgenden Geschäftsjahr nachgeholt werden.

---

[2] Es wird teilweise auch die Auffassung vertreten, dass nur Außenverpflichtungen eine bilanzrechtliche Schuld begründen. Aufwandsrückstellungen sind bei dieser Auslegung als Bilanzierungshilfe zu verstehen.

Passivierungs-
wahlrecht

Für unterlassene Instandhaltungsaufwendungen, die nach mehr als drei Monaten nach dem Abschlussstichtag, aber noch innerhalb des folgenden Geschäftsjahrs nachgeholt werden, sowie für andere Arten von Aufwandsrückstellungen gilt ein *Passivierungswahlrecht* (§ 249 Abs. 1 und 2 HGB). Ein solches räumt der Gesetzgeber außerdem für bestimmte Pensions- und pensionsähnliche Verpflichtungen ein (Artikel 28 Abs. 1 Satz 2 EGHGB).

5.1.3 Mit welchem Wert muss die Bilanzierung erfolgen?

Zugangs- und Folgebewertung

Primäre und
sekundäre
Wertmaßstäbe

Nachdem feststeht, dass Sie einen bestimmten Vermögens- oder Schuldposten in der Bilanz ansetzen müssen, stellt sich die Frage, wie der betreffende Posten zu bewerten ist. Unter primären Wertmaßstäben versteht man die Ausgangspunkte der Bewertung, die bei Zugang des Vermögens- oder Schuldpostens maßgebend sind. In der Folgezeit ist der ursprünglich angesetzte Wertmaßstab grundsätzlich fortzuführen. Hiervon ausgenommen ist der Fall, dass bestimmte Bedingungen bei der Folgebewertung den Ansatz eines sekundären Wertmaßstabs verlangen. Diese Situationen werden Sie später bei der Darstellung der Einzelposten der Bilanz kennen lernen.

Übersicht: Primäre und sekundäre Wertmaßstäbe

Primäre Wertmaßstäbe für Vermögensgegenstände
Anschaffungskosten
Herstellungskosten
Primäre Wertmaßstäbe für Schulden
Rückzahlungsbetrag
Barwert von Rentenverpflichtungen
Betrag, der nach vernünftiger kaufmännischer Beurteilung notwendig ist

Zugangsbewertung des Vermögens

1. Anschaffungskosten

Zugänge an Vermögensgegenständen, die das Unternehmen von externen Dritten erwirbt, sind mit ihren Anschaffungskosten anzusetzen. Wie sich diese zusammensetzen, ergibt sich aus der gesetzlichen Definition des § 255 Abs. 1 HGB:

> **Anschaffungskosten**
>
> Anschaffungskosten sind die Aufwendungen, die geleistet werden, um einen Vermögensgegenstand zu erwerben und ihn in einen betriebsbereiten Zustand zu versetzen, soweit sie dem Vermögensgegenstand einzeln zugeordnet werden können. Zu den Anschaffungskosten gehören auch die Nebenkosten sowie die nachträglichen Anschaffungskosten. Anschaffungspreisminderungen sind abzusetzen.

Definition

Die Anschaffungskosten lassen sich nach folgendem Schema ermitteln:

  Anschaffungspreis
+ Anschaffungsnebenkosten
+ Nachträgliche Anschaffungskosten
− Anschaffungspreisminderungen
───────────────────────────
= **Anschaffungskosten**

Der Anschaffungspreis entspricht i. d. R. dem Rechnungspreis. Die Umsatzsteuer gehört nicht zu den Anschaffungskosten, wenn Sie zum Vorsteuerabzug berechtigt sind. *Anschaffungspreis*

Zu den Anschaffungsnebenkosten zählen alle Aufwendungen, die neben dem Kaufpreis anfallen, um den Vermögensgegenstand zu erwerben und für den bestimmungsgemäßen Einsatz im Unternehmen betriebsbereit zu machen. Dazu gehören z. B.: Transport- und Verpackungskosten, Provisionen, Maklergebühren, Grunderwerbsteuer, Notariats- und Registerkosten sowie Ausgaben für Montage und Anschlüsse. *Anschaffungsnebenkosten*

Abbruchkosten können bei einem gekauften Grundstück als Anschaffungsnebenkosten aktiviert werden, wenn das Grundstück bereits mit der Absicht gekauft wurde, die alten Bauten abzureißen und dafür neue Bauten zu errichten. Abbruchkosten dürfen dagegen nicht aktiviert werden, wenn die Entscheidung zum Abriss/Neubau erst nach dem Kauf gefällt wird.

> **Achtung:**
> Bei den Anschaffungsnebenkosten muss es sich um Einzelkosten handeln. Die Gemeinkosten der Einkaufsabteilung sind z. B. nicht aktivierungsfähig.

Nachträgliche Anschaffungskosten

Nachträgliche Anschaffungskosten liegen vor, wenn Aufwendungen zwar erst nach Abschluss des Anschaffungsvorgangs anfallen, aber mit der Anschaffung in Zusammenhang stehen, z. B. Straßenanlieger- und Erschließungsbeiträge oder nachträgliche Preisanpassungen.

Anschaffungspreisminderungen

Zu den Anschaffungspreisminderungen zählen alle Abzüge vom Rechnungsbetrag, wie z. B. Rabatte, Skonti und Boni.

Finanzierungskosten

Finanzierungskosten für die Anschaffung können grundsätzlich nicht aktiviert werden. Ausnahmsweise kommt ein Ansatz aber in Betracht, wenn Kreditzinsen für die Finanzierung von Vorauszahlungen für bestellte Gegenstände mit längerer Bau- bzw. Herstellungszeit anfallen.

Wenn Sie einen Vermögensgegenstand durch ein Tauschgeschäft erwerben, bieten sich Ihnen verschiedene Möglichkeiten für seine Bewertung. Sie dürfen den Gegenstand entweder mit dem Buchwert oder dem Zeitwert des *hingegebenen* Gegenstandes in der Bilanz ansetzen.[3] Im ersten Fall ist der Vorgang erfolgsneutral, im zweiten Fall kommt es dagegen zu einer Gewinnrealisierung.

Investitionszuschuss

Gewährt Ihnen die öffentliche Hand einen Investitionszuschuss, können Sie diesen als Anschaffungspreisminderung behandeln. Alternativ dürfen Sie den Zuschuss auch sofort als Ertrag buchen.

> **Beispiel**
> Ihr Unternehmen kauft am 01.01.01 eine Maschine. Der Anschaffungspreis beträgt 86.000 € zuzüglich gesetzlicher Umsatzsteuer. Für den Transport der Maschine stellt Ihnen der Spediteur 3.000 € zuzüglich Umsatzsteuer in Rechnung. Für die Montage entstehen im Unternehmen Aufwendungen in Höhe von 1.000 €. Sie sind der Maschine direkt zurechenbar. Um den Kaufpreis der Maschine zu finanzieren, haben Sie einen Kredit aufgenommen. Die Zinsen belaufen sich auf

---

[3] Als dritte Methode kann man auch den Buchwert zuzüglich der mit dem Tausch verbundenen Ertragsteuerbelastung wählen.

1.000 €. Die öffentliche Hand gewährt Ihnen darüber hinaus einen Zuschuss in Höhe von 30.000 €. Die Nutzungsdauer der Maschine beträgt 3 Jahre. Die Maschine wird linear abgeschrieben.

Anschaffungspreis		86.000
+ Anschaffungsnebenkosten		
Transport		3.000
Montage		1.000
= **Anschaffungskosten**		**90.000**

Der Vorgang führt zu folgenden Buchungen im Jahresabschluss Ihres Unternehmens für das Jahr 01:

Alternative 1: Der Investitionszuschuss wird als Anschaffungspreisminderung behandelt.

Maschinen	an	Bank	90.000
Bank	an	Maschinen	30.000
Abschreibungen	an	Maschinen	20.000

Die Anschaffungskosten (90.000 €) werden um den Zuschuss (30.000 €) gekürzt. Der reduzierte Betrag (60.000 €) ist Ausgangspunkt für die Berechnung der Abschreibungen: 60.000 €/3 Jahre = 20.000 € pro Jahr.

Alternative 2: Der Investitionszuschuss wird sofort erfolgswirksam vereinnahmt.

Maschinen	an	Bank	90.000
Bank	an	Sonstige betriebliche Erträge	30.000
Abschreibungen	an	Maschinen	30.000

Beachten Sie die unterschiedlichen Auswirkungen auf das Jahresergebnis: Bei Absetzung des Zuschusses von den Anschaffungskosten kommt es über die Nutzungsdauer zu einer sukzessiven erfolgswirksamen Erfassung des Zuschusses. Über die gesamte Nutzungsdauer hinweg ist der Einfluss auf den Jahresüberschuss jedoch gleich.

Jahr	Alternative 1 (€)	Alternative 2 (€)
01	– 20.000	0
02	– 20.000	– 30.000
03	– 20.000	– 30.000
Summe	**– 60.000**	**– 60.000**

Der Anschaffungsvorgang als solcher ist stets **erfolgsneutral**, d. h. er hat keinen Einfluss auf den Jahreserfolg. Erst durch nachfolgende Abschreibungen oder einen Verkauf beeinflusst der erworbene Vermögensgegenstand den Jahreserfolg.

2. Herstellungskosten

Wie im Falle der Anschaffung von einem Dritten soll der Zugang von Vermögensgegenständen auch bei Selbsterstellung erfolgsneutral sein und den Jahreserfolg nicht beeinflussen. Bewertungsmaßstab für den Zugang selbst erstellter Vermögensgegenstände sind die Herstellungskosten, die in § 255 Abs. 2 HGB wie folgt definiert werden:

Definition

> **Herstellungskosten**
>
> Herstellungskosten sind die Aufwendungen, die durch den Verbrauch von Gütern und die Inanspruchnahme von Diensten für die Herstellung eines Vermögensgegenstands, seine Erweiterung oder für eine über seinen ursprünglichen Zustand hinausgehende wesentliche Verbesserung entstehen.

Neutralisierung der Aufwendungen

Durch die Aktivierung eines Vermögensgegenstands mit den Herstellungskosten wird ein Teil der Aufwendungen, die für seine Herstellung angefallen sind und in einem ersten Schritt den Jahreserfolg vermindert haben, in einem zweiten Schritt durch eine gegenläufige Ertragsbuchung in der Gewinn-und-Verlust-Rechnung wieder neutralisiert.

Beispiel

Für die Herstellung eines Produkts sind Löhne und Gehälter, Materialaufwendungen und sonstige Aufwendungen in Höhe von 100.000 € angefallen. Die Produkteinheiten sind zum Abschlussstichtag noch nicht verkauft worden. Der Begriff der Herstellungskosten regelt nun, mit welchem Wert die auf Lager liegenden Produkteinheiten zum Abschlussstichtag bewertet werden. In der Höhe, in der die Vorräte in der Bilanz angesetzt werden, werden die Aufwendungen in der Gewinn-und-Verlust-Rechnung neutralisiert.

Wird gefordert, dass sämtliche Aufwendungen in die Herstellungskosten eingehen, ergibt sich ein Ergebniseffekt von 0 €.

Dürfen indes nur bestimmte Aufwendungen der Gesamtkosten aktiviert werden (z. B. in Höhe von 80.000 €), so entsteht insoweit ein Fehlbetrag in Höhe von 20.000 €.

Die folgenden Buchungen illustrieren den Einfluss, den die Vorratsbewertung zu Herstellungskosten auf den Jahreserfolg haben kann.

Diverse Aufwendungen	an	Bank	100.000
1. Vorräte	an	Bestandserhöhung (Ertrag)	100.000
2. Vorräte	an	Bestandserhöhung (Ertrag)	80.000

Festlegung des Umfangs der Herstellungskosten

Da die gesetzliche Abgrenzung der Herstellungskosten (§ 255 Abs. 2 HGB) Pflicht- und Wahlbestandteile nennt, können Sie mit der Festlegung des Herstellungskostenumfangs den Jahreserfolg beeinflussen. Aktivierungspflichtig sind nur die Einzelkosten, d. h. Aufwendungen, die Sie einem Vermögensgegenstand direkt zuordnen können. Für die indirekt zurechenbaren Gemeinkosten besteht dagegen handelsrechtlich ein Aktivierungswahlrecht.

Übersicht: Herstellungskosten nach HGB

Kostenart	Beispiele	
Materialeinzelkosten	Rohstoffe, bezogene Teile, Hilfs- und Betriebsstoffe[4]	P
Fertigungseinzelkosten	Fertigungslöhne (brutto)	P
Sondereinzelkosten der Fertigung	Lizenzen, Modelle, Spezialwerkzeuge	P
Wertuntergrenze der Herstellungskosten		
Materialgemeinkosten	Gemeinkosten der Bereiche Beschaffung, Wareneingangsprüfung, Materiallagerung, -verwaltung, -ausgabe	WR
Fertigungsgemeinkosten (einschl. Abschreibungen)	Gemeinkosten des Fertigungsbereichs, z. B. Energie- und Brennstoffkosten, Raumkosten, Kosten der Betriebsbauten, Betriebseinrichtungen, Maschinen, Vorrichtungen und Werkzeuge	WR
Allgemeine Verwaltungskosten	Aufwendungen für die Geschäftsleitung, das Personalwesen, Finanz- und Rechnungswesen, Nachrichtenwesen (Telefon, Porto), soweit nicht dem Material- und Fertigungsbereich zugeordnet	WR

---

[4] Da die Meinungen hinsichtlich der Einordnung von Hilfs- und Betriebsstoffen auseinander gehen, spricht nichts dagegen, sie nur wahlweise als Gemeinkosten zu aktivieren.

Kostenart	Beispiele	
Aufwendungen für soziale Einrichtungen	Aufwendungen für Kantine, Betriebs-sportstätten, Betriebsausflüge	WR
Aufwendungen für freiwillige soziale Leistungen	Weihnachtszuwendungen, Heirats- und Geburtsbeihilfen	WR
Aufwendungen für die betriebliche Altersversorgung	Aufwendungen für Direktversicherun-gen, Pensions- und Unterstützungs-kassen, Pensionsfonds	WR
Fremdkapitalzinsen	Voraussetzung für die Aktivierung: Sie entfallen auf den Zeitraum der Herstellung	WR
Wertobergrenze der Herstellungskosten		
	P = Pflichtbestandteil; WR = Wahlrecht	

Material- und Fertigungs-gemeinkosten

Material- und Fertigungsgemeinkosten dürfen nur insoweit in die Herstellungskosten einbezogen werden, als sie **notwendig** sind. Für außergewöhnliche Kosten, wie z. B. außerplanmäßige Abschreibungen, besteht ein Aktivierungsverbot. Darüber hinaus beschränkt sich die Einbeziehung auf **angemessene Teile**. So genannte Leerkosten stellen keine Herstellungskosten dar.

Beispiel: Leerkosten

Die planmäßigen Abschreibungen für eine Anlage betragen 10.000 €. Auf dieser Anlage können 1.000 Produkteinheiten gefertigt werden. Tatsächlich werden wegen einer schlechten Auftragslage aber bloß 500 Stück hergestellt. Es liegt damit eine Unterbeschäftigung vor. Es dürfen pro Stück nur 10.000 €/1.000 Stück = 10 € in die Herstellungskosten eingehen.

Sofern alle Produkteinheiten auf Lager liegen und keine weiteren Herstellungskostenbestandteile vorliegen, können Sie in der Bilanz somit 5.000 € als Fertigungsgemeinkosten aktivieren. Die übrigen 5.000 € mindern den Jahreserfolg.

Nicht als Herstellungskosten aktivierbar sind folgende Aufwendungen:

- alle Vertriebskosten
- außerordentliche, perioden- oder betriebsfremde sowie ungewöhnlich hohe Aufwendungen
- gewinnabhängige Aufwendungen (z. B. Ertragsteuern oder Tantiemen)

Achtung:
Die maßgebenden Herstellungskosten dürfen – anders als in der Kostenrechnung – keine kalkulatorischen Kosten umfassen (z. B. einen kalkulatorischen Unternehmerlohn). Für den handelsrechtlichen Jahresabschluss dürfen die Herstellungskosten nur solche Kosten beinhalten, denen auch tatsächlich Ausgaben zu Grunde liegen (pagatorischer Kostenbegriff).

Aktivierung von nachträglichen Herstellungskosten
Aufwendungen für Arbeiten an einem bestehenden Vermögensgegenstand können unter Umständen als (nachträgliche) Herstellungskosten zu aktivieren sein. Dies wird in den beiden folgenden Fällen gesetzlich gefordert (§ 255 Abs. 2 HGB):
• bei einer **Erweiterung** von Vermögensgegenständen
• bei einer über den ursprünglichen Zustand hinaus gehenden **wesentlichen Verbesserung** von Vermögensgegenständen

Eine Erweiterung im bilanzrechtlichen Sinne liegt vor, wenn der Vermögensgegenstand in seiner Substanz vermehrt wird (z. B. bei Anbauten an ein bestehendes Gebäude). Für eine wesentliche Verbesserung bedarf es dagegen solcher Maßnahmen, durch die sich die Nutzungsmöglichkeiten des Vermögensgegenstands ändern (z. B. beim Umbau eines Wohngebäudes in ein Bürogebäude). *Erweiterung/ Verbesserung*

Hiervon strikt zu unterscheiden – auch wenn dies im Einzelfall schwierig sein kann – sind Maßnahmen, die nur dazu dienen, einen Vermögensgegenstand in einem funktionsfähigen Zustand zu erhalten (Instandhaltungsmaßnahmen). Auch wenn damit eine Modernisierung oder eine Verlängerung der Nutzungsdauer des Vermögensgegenstands einhergeht, führen solche Maßnahmen in der Regel zu **Erhaltungsaufwand**, den Sie in der Gewinn-und-Verlust-Rechnung unmittelbar als Aufwand zu erfassen haben. Eine Einbeziehung in die Herstellungskosten kommt insoweit nicht in Betracht. *Instandhaltung*

Zugangsbewertung der Schulden
Für die Bewertung von Schulden sieht das Bilanzrecht folgende Bewertungsmaßstäbe vor (§ 253 Abs. 1 HGB):
• den Rückzahlungsbetrag

- den Barwert von Rentenverpflichtungen (Verpflichtungen, bei denen über eine bestimmbare Zeit regelmäßig wiederkehrende Leistungen zu erbringen sind)
- den Betrag, der nach vernünftiger kaufmännischer Beurteilung notwendig ist

Rückzahlungs-betrag

Der Rückzahlungsbetrag bezeichnet den Betrag, der bei Fälligkeit einer Verbindlichkeit zu zahlen ist, um die bestehende Verpflichtung zu erfüllen (*Erfüllungsbetrag*). Hat Ihr Unternehmen z. B. einen Kredit in Höhe von 1 Mio. € aufgenommen, ist ihm aufgrund eines Disagios aber lediglich ein Betrag von 990.000 € zugeflossen, müssen Sie die Verbindlichkeit trotzdem mit dem Rückzahlungsbetrag von 1 Mio. € ansetzen.

Rentenver-pflichtungen

Für Rentenverpflichtungen, denen voraussichtlich keine Gegenleistung mehr gegenübersteht, ist deren **Barwert** anzusetzen. Die wiederkehrenden Beträge, die künftig zu leisten sind, werden dabei auf den Abschlussstichtag abgezinst. Als Diskontierungszins ist der Zins anzusetzen, der auf dem Kapitalmarkt für Kredite mit gleicher Laufzeit erwirtschaftet wird.

Rückstellungen

Rückstellungen sind in Höhe des Betrags zu passivieren, der **nach vernünftiger kaufmännischer Beurteilung zur Erfüllung der Verpflichtung** notwendig ist. Sie sind also grundsätzlich in Höhe der wahrscheinlichen Inanspruchnahme des Unternehmens anzusetzen. Vor allem bei Vorliegen einer Bandbreite möglicher Erfüllungsbeträge wird aber zumeist unter Verweis auf das Vorsichtsprinzip ein höherer als der wahrscheinlichste Wert des Betragsspektrums der Bewertung zu Grunde gelegt.

5.1.4 Wie muss die Bilanz gegliedert werden?

Die Bilanzdarstellung, insbesondere die Reihenfolge und Bezeichnung der darin auszuweisenden Posten, ist weit gehend gesetzlich vorgegeben, um ein möglichst einheitliches Bilanzbild der Unternehmen zu gewährleisten.

Die Gliederung der Bilanz richtet sich nach Rechtsform und Größe eines Unternehmens. Lediglich für Einzelkaufleute und Personenhandelsgesellschaften, die nicht unter das PublG fallen, gelten dabei keine detaillierten Gliederungsvorgaben. Dagegen schreibt der Gesetzgeber für Kapitalgesellschaften und voll haftungsbeschränkte Personenhandelsgesellschaften sowie für publizitätspflichtige Einzelkaufleute und Personenhandelsgesellschaften eine konkrete Gliederung vor. Grundlage ist das Gliederungsschema des § 266 HGB, das auf den folgenden Seiten dargestellt wird.

Abweichungen von diesem Schema kommen nur in Betracht, wenn sie nach den allgemeinen Darstellungsregeln des § 265 HGB zulässig sind oder spezielle Vorschriften diese Möglichkeit ausdrücklich einräumen. So können z. B. kleine Kapitalgesellschaften und voll haftungsbeschränkte Personenhandelsgesellschaften ihre Bilanz in verkürzter Form darstellen (§ 267 Abs. 1).

Wie müssen die einzelnen Bilanzposten geordnet werden?

Dem vorgegebenen Aufbau der Bilanz liegt folgende Konzeption zu Grunde:

Die Gliederung der Aktivseite folgt grundsätzlich dem Kriterium der Liquidierbarkeit der Vermögensposten. Als Anlagevermögen sind dabei solche Vermögensgegenstände auszuweisen, die bestimmt sind, dauernd dem Geschäftsbetrieb zu dienen (§ 247 Abs. 2 HGB). Das Umlaufvermögen zeigt dagegen die nur für eine vorübergehende Nutzung bestimmten Vermögensposten. Die Reihenfolge der Posten des Umlaufvermögens folgt schließlich der Dauer, innerhalb derer die Vermögensgegenstände typischerweise in liquide Mittel umgeschlagen werden. *Aktivseite*

Die Passivseite ist nach den Grad der Fälligkeit geordnet. *Passivseite*

> **Achtung:**
> Die handelsrechtliche Bilanz enthält nicht nur die Wertangaben des jeweils aktuellen Geschäftsjahrs, sondern muss zusätzlich auch die Vorjahreswerte der einzelnen Posten ausweisen (§ 265 Abs. 2 HGB).

Die folgende Übersicht zum Bilanzaufbau finden Sie auch auf der CD-ROM.

Übersicht: Aufbau der Bilanz

Aktiva	Passiva
Ausstehende Einlagen auf das gezeichnete Kapital (§ 272 I HGB), davon eingefordert	**A. Eigenkapital** (siehe Tabelle unten)

Aktiva	Passiva (Kapitalgesellschaften)	Passiva (voll haftungsbeschränkte OHG/KG)
Aufwendungen für die Ingangsetzung und Erweiterung des Geschäftsbetriebs (§ 269 HGB)	I. Gezeichnetes Kapital	I. Kapitalanteile
A. Anlagevermögen	II. Kapitalrücklage	Kapitalanteil der persönlich haftenden Gesellschafter
I. Immaterielle Vermögensgegenstände	III. Gewinnrücklagen	Kapitalanteil der Kommanditisten
1. Konzessionen, gewerbliche Schutzrechte und ähnliche Rechte und Werte sowie Lizenzen an solchen Rechten und Werten	1. Gesetzliche Rücklage	II. Rücklagen
2. Geschäfts- oder Firmenwert	2. Rücklage für eigene Anteile	III. Gewinnvortrag/ Verlustvortrag
3. Geleistete Anzahlungen	3. Satzungsmäßige Rücklagen	IV. Jahresüberschuss/ Jahresfehlbetrag
II. Sachanlagen	4. Andere Gewinnrücklagen	
1. Grundstücke, grundstücksgleiche Rechte und Bauten einschließlich der Bauten auf fremden Grundstücken	IV. Gewinnvortrag/Verlustvortrag	
2. Technische Anlagen und Maschinen	V. Jahresüberschuss/Jahresfehlbetrag	
3. Andere Anlagen, Betriebs- und Geschäftsausstattung	Sonderposten mit Rücklageanteil (§ 273 I HGB)	
4. Geleistete Anzahlungen und Anlagen im Bau	**B. Rückstellungen**	
III. Finanzanlagen	1. Rückstellungen für Pensionen und ähnliche Verpflichtungen	
1. Anteile an verbundenen Unternehmen	2. Steuerrückstellungen Rückstellungen für latente Steuern (§ 274 I HGB)	
2. Ausleihungen an verbundene Unternehmen	3. Sonstige Rückstellungen	
3. Beteiligungen		
4. Ausleihungen an Unternehmen, mit denen ein Beteiligungsverhältnis besteht Ausleihungen an Gesellschafter (§ 42 III GmbHG, § 264c I HGB)		
5. Wertpapiere des Anlagevermögens		
6. Sonstige Ausleihungen		

Aktiva	Passiva
B. Umlaufvermögen	**C. Verbindlichkeiten**
I. Vorräte	1. Anleihen, davon konvertibel
1. Roh-, Hilfs- und Betriebsstoffe	2. Verbindlichkeiten gegenüber Kreditinstituten
2. Unfertige Erzeugnisse, unfertige Leistungen	3. Erhaltene Anzahlungen auf Bestellungen
3. Fertige Erzeugnisse und Waren	4. Verbindlichkeiten aus Lieferungen und Leistungen
4. Geleistete Anzahlungen	5. Verbindlichkeiten aus der Annahme gezogener Wechsel und der Ausstellung eigener Wechsel
II. Forderungen und sonstige Vermögensgegenstände	6. Verbindlichkeiten gegenüber verbundenen Unternehmen
1. Forderungen aus Lieferungen und Leistungen	7. Verbindlichkeiten gegenüber Unternehmen, mit denen ein Beteiligungsverhältnis besteht
2. Forderungen gegen verbundene Unternehmen	Verbindlichkeiten gegenüber Gesellschaftern (§ 42 III GmbHG, § 264c I HGB)
3. Forderungen gegen Unternehmen, mit denen ein Beteiligungsverhältnis besteht	8. Sonstige Verbindlichkeiten,
Forderungen gegen Gesellschafter (§ 42 III GmbHG, § 264c I HGB)	- davon aus Steuern
Eingeforderte Einlagen auf das gezeichnete Kapital (§ 272 I HGB)	- davon im Rahmen der sozialen Sicherheit
Eingeforderte Nachschüsse (§ 42 II GmbHG)	**D. Rechnungsabgrenzungsposten**
Einzahlungsverpflichtungen persönlich haftender Gesellschafter (§ 264c II HGB, § 286 II AktG)	
Einzahlungsverpflichtungen von Kommanditisten (§ 264c II HGB)	
4. Sonstige Vermögensgegenstände	
III. Wertpapiere	
1. Anteile an verbundenen Unternehmen	
2. Eigene Anteile	
3. Sonstige Wertpapiere	
IV. Kassenbestand, Bundesbankguthaben, Guthaben bei Kreditinstituten und Schecks	
C. Rechnungsabgrenzungsposten	
Disagio (§ 268 VI HGB)	
Sonstige Rechnungsabgrenzungsposten	
Aktive Steuerabgrenzung (§ 274 II HGB)	
Nicht durch Eigenkapital gedeckter Fehlbetrag (§ 268 III HGB)	
Nicht durch Vermögenseinlagen gedeckter Verlustanteil persönlich haftender Gesellschafter (§ 264c II HGB, § 286 II AktG)	
Nicht durch Vermögenseinlagen gedeckter Verlustanteil von Kommanditisten (§ 264c II HGB)	

5.2 Bilanzierung des Anlagevermögens

5.2.1 Die einzelnen Arten des Anlagevermögens

Dauerhalte-
absicht

Im Anlagevermögen müssen Sie die Vermögensgegenstände ausweisen, die dem eigenen Geschäftsbetrieb dauerhaft dienen sollen (§ 247 Abs. 2 HGB). Im nachfolgenden Abschnitt wird neben den Vermögensgegenständen des Anlagevermögens auch die Bilanzierungshilfe *Aufwendungen für die Ingangsetzung und Erweiterung des Geschäftsbetriebs* erläutert. Dieser Sonderposten ist in der Bilanz vor dem Anlagevermögen einzuordnen (§ 269 HGB).

Anlagenspiegel

Die Entwicklung der einzelnen Posten des Anlagevermögens und der Ingangsetzungs- oder Erweiterungsaufwendungen ist außerdem von mittelgroßen und großen Kapitalgesellschaften und voll haftungsbeschränkten Personenhandelsgesellschaften in einem Anlagenspiegel darzustellen. Diese Darstellung kann dabei entweder in die Bilanz integriert werden oder Bestandteil des Anhangs sein (§ 268 Abs. 2 HGB).

Checkliste: Posten des Anlagenspiegels		✓
1.	Aufwendungen für die Ingangsetzung und Erweiterung des Geschäftsbetriebs	
2.	Immaterielle Vermögensgegenstände	
3.	Sachanlagen	
4.	Finanzanlagen	

Immaterielle Vermögensgegenstände

§ 266 HGB sieht für die immateriellen Vermögensgegenstände die folgende Untergliederung vor:

1. Konzessionen, gewerbliche Schutzrechte und ähnliche Rechte und Werte sowie Lizenzen an solchen Rechten und Werten
2. Geschäfts- oder Firmenwert
3. Geleistete Anzahlungen

Wurde ein immaterieller Vermögensgegenstand des Anlagevermögens entgeltlich erworben, müssen Sie diesen grundsätzlich aktivieren. Dagegen verbietet der Gesetzgeber ausdrücklich den Ansatz von selbst erstellten immateriellen Anlagegütern (§ 248 Abs. 2 HGB).

Bei **Konzessionen** handelt es sich um befristete behördliche Genehmigungen zur Ausübung eines bestimmten Gewerbes oder Handels (z. B. Taxi- oder Energieversorgungskonzessionen).

Unter **gewerblichen Schutzrechten** sind Rechte des gewerblichen Rechtsschutzes zu verstehen, die technisch verwertbare geistige Leistungen schützen (z. B. Patente, Verlagsrechte, Urheberrechte).

Zu den **ähnlichen Rechten und Werten** gehören alle Rechte, die zwar selbst keine Konzessionen und gewerblichen Schutzrechte darstellen, aber vergleichbarer Art sind, wie etwa EDV-Software, Spielerwerte von Fußballprofis, Zuteilungsrechte, Belieferungsrechte. Ebenfalls unter diesen Bilanzposten fallen etwaige **Lizenzen** an den genannten Rechten und Werten.

Gesondert auszuweisen sind auch so genannte **derivative Geschäfts- oder Firmenwerte**, für die ein gesetzliches Aktivierungswahlrecht besteht:

Geschäfts- oder Firmenwert

> ### Geschäfts- oder Firmenwert (§ 255 Abs. 4 HGB)
>
> Als Geschäfts- oder Firmenwert darf der Unterschiedsbetrag angesetzt werden, um den die für die Übernahme eines Unternehmens bewirkte Gegenleistung den Wert der einzelnen Vermögensgegenstände des Unternehmens abzüglich der Schulden im Zeitpunkt der Übernahme übersteigt.

Die Gegenleistung, also der Kaufpreis für ein Unternehmen, orientiert sich grundsätzlich am Unternehmenswert. Der theoretisch zutreffende Unternehmenswert (*Ertragswert*) bestimmt sich nach den erwarteten zukünftigen Einzahlungsüberschüssen, die den Unternehmenseigentümern zufließen und auf den Bewertungszeitpunkt abgezinst werden. Der Wert eines Unternehmens stimmt somit in der Regel nicht mit dem in der Bilanz erfassten Wert der Vermögensgegenstände abzüglich der Schulden (*Reinvermögen* = Eigenkapital) überein.

Sie können die Differenz zwischen dem Kaufpreis für ein Unternehmen und dessen Reinvermögen auf folgende Ursachen zurückführen:

- Die Buchwerte der Vermögensgegenstände und Schulden weichen von ihren Zeitwerten ab. Eine stille Reserve liegt z. B. vor, wenn der Zeitwert eines Grundstücks höher ist als dessen ehemalige Anschaffungskosten, die in der Bilanz weiterhin auszuweisen sind. Umgekehrt können auch stille Lasten vorliegen, wenn z. B. der Zeitwert eines Vermögensgegenstands niedriger als dessen Buchwert ist.
- Aber auch wenn alle stillen Reserven (nebst den ggf. bestehenden stillen Lasten) aufgedeckt werden, verbleibt in der Regel immer noch eine Differenz zum Kaufpreis. Diese Differenz bezeichnet den Geschäfts- oder Firmenwert. In dieser Größe kommen folglich die Gewinnchancen eines Unternehmens zum Ausdruck, die nicht in den einzelnen Vermögensgegenständen verkörpert sind.

Tipp:

Trennen Sie stets den originären vom derivativen Geschäfts- oder Firmenwert. Den ersteren hat ein Unternehmen selbst geschaffen. Als nicht entgeltlich erworbener immaterieller Vermögensgegenstand des Anlagevermögens darf dieser nicht aktiviert werden (§ 248 Abs. 2 HGB).

Derivative (= entgeltlich erworbene) Geschäfts- oder Firmenwerte dürfen dagegen aktiviert werden, wenn folgende Voraussetzungen kumulativ erfüllt werden:

- Es liegt die Übernahme eines Unternehmens vor, bei der die einzelnen Vermögensgegenstände und Schulden vom Erwerber bilanziell übernommen werden (z. B. bei einem *asset deal* oder der Übernahme aller Anteile einer Personenhandelsgesellschaft).
- Der gezahlte Kaufpreis übersteigt die Differenz zwischen den Zeitwerten der einzelnen Vermögensgegenstände und Schulden.

Beispiel: Geschäfts- oder Firmenwert

Eine Kapitalgesellschaft erwirbt ein Einzelunternehmen zum Preis von 4.000 €. Die Vermögensgegenstände und Schulden des Einzelunternehmens weisen zum Erwerbszeitpunkt folgende Werte auf:

Posten	Bilanzwert (€)	Zeitwert (€)
Immobilien	1.000	1.200
Maschinen	1.800	1.600
Geschäftsausstattung	500	600
Vorräte	200	300
Forderungen	1.000	1.000
Verbindlichkeiten	2.000	1.800
Reinvermögen	**2.500**	**2.900**

Der Geschäfts- oder Firmenwert beträgt 1.100 € (= Kaufpreis 4.000 € – Zeitwert des Reinvermögens 2.900 €). Die Buchung des Vermögenszugangs lautet wie folgt:

Geschäfts- oder Firmenwert	1.100	an	Verbindlichkeiten	1.800
Immobilien	1.200		Kasse	4.000
Maschinen	1.600			
Geschäftsausstattung	600			
Vorräte	300			
Forderungen	1.000			

Wie erfassen Sie den Geschäfts- oder Firmenwert, wenn die Kapitalgesellschaft bei sonst gleichen Annahmen kein Einzelunternehmen, sondern alle Anteile an einer anderen Kapitalgesellschaft erwirbt?

Beteiligung	4.000	an	Kasse	4.000

In diesem Fall ist der Geschäfts- oder Firmenwert Bestandteil der erworbenen Beteiligung an der anderen Kapitalgesellschaft. Anders als beim Erwerb eines Einzelunternehmens verliert die Kapitalgesellschaft ihre rechtliche Selbstständigkeit nicht. Es werden nicht die einzelnen Vermögensgegenstände und Schulden, sondern die Beteiligung als solche in die Bilanz des Erwerbers übernommen.

Achtung:
Einen negativen Geschäfts- oder Firmenwert dürfen Sie grundsätzlich nicht als solchen in der Bilanz ansetzen. Stattdessen ist der Wert der aktivierten Vermögensgegenstände (mit Ausnahme der liquiden Mittel) abzustocken. Lediglich ein verbleibender Differenzbetrag wird auf der Passivseite ausgewiesen.

Geleistete Anzahlungen

Im letzten Posten des immateriellen Anlagevermögens, den geleisteten Anzahlungen, sind Vorleistungen des Bilanzierenden auf noch ausstehende Sach- oder Dienstleistungen von Lieferanten abzubilden.

Sachanlagen

Nach § 266 Abs. 2 HGB sind die Sachanlagen wie folgt zu untergliedern:

1. Grundstücke, grundstücksgleiche Rechte und Bauten einschließlich Bauten auf fremden Grundstücken
2. Technische Anlagen und Maschinen
3. Andere Anlagen, Betriebs- und Geschäftsausstattung
4. Geleistete Anzahlungen und Anlagen im Bau

Grundstücke

Die erste Position umfasst das gesamte Grundvermögen des Unternehmens. Dazu zählen u. a. alle bebauten und unbebauten Grundstücke. Bei bebauten Grundstücken ist es empfehlenswert, zwischen Grund und Boden einerseits und Gebäude andererseits zu unterscheiden, da die beiden Komponenten unterschiedlich bewertet werden (nur Gebäude sind im Allgemeinen einer planmäßigen Abschreibung zu unterwerfen).

Achtung:

Soweit Einrichtungen eines Gebäudes typischerweise der reinen Gebäudenutzung dienen (z. B. Heizungs-, Beleuchtungs- und Lüftungsanlagen), werden sie als Gebäudebestandteil bilanziert. Trotz ihrer festen Verbindung mit dem Gebäude werden dagegen Vermögensgegenstände, bei denen der Nutzungs- und Funktionszusammenhang mit dem eigentlichen Betriebszweck dominiert (z. B. Lastenaufzüge, Schleusen für die Produktion von Arzneimitteln), bilanziell als eigenständige Vermögensgegenstände behandelt. Solche Einrichtungen werden auch als *Betriebsvorrichtungen* bezeichnet und sind im Allgemeinen unter den *technischen Anlagen und Maschinen* auszuweisen.

Grundstücksgleiche Rechte

Grundstücksgleiche Rechte werden bilanziell den Grundstücken gleichgestellt. Es handelt sich z. B. um folgende Rechte:

- Erbbaurechte, die das Recht begründen, auf einem fremden Grundstück gegen Bezahlung eines Erbbauzinses ein eigenes Gebäude zu errichten
- Wohnungseigentum

Zu den Bauten gehören Geschäfts-, Fabrik- und Wohngebäude und andere selbstständige Bauten, wie z. B. Hof- und Parkplatzbefestigungen. Den **Bauten auf fremden Grundstücken** werden z. B. Gebäude, die auf einem gepachteten Grundstück errichtet werden, zugeordnet, während Bauten eines Erbbauberechtigten als Bauten auf eigenen Grundstücken behandelt werden.

Die **technischen Anlagen und Maschinen** umfassen alle Vermögensgegenstände, die keine Gebäude sind und unmittelbar dem eigentlichen Leistungserstellungsprozess des Unternehmens dienen (z. B. Produktionsmaschinen, Krananlagen, Förderbänder). Technische Anlagen und Maschinen

Der Posten **andere Anlagen, Betriebs- und Geschäftsausstattung** hat den Charakter eines Sammelpostens. Er beinhaltet alle Anlagen und betrieblichen Einrichtungen, die nicht unmittelbar dem betrieblichen Leistungserstellungsprozess dienen, sondern dem allgemeinen Unternehmensbetrieb, der Geschäftsverwaltung und dem Vertrieb zuzuordnen sind. Hierzu zählen z. B. EDV-Anlagen, Büroeinrichtungen, Büromaschinen und der Fuhrpark.

Unter den **geleisteten Anzahlungen** werden alle Vorleistungen auf bestellte Sachanlagen erfasst. Als **Anlagen im Bau** sind die Herstellungskosten solcher Sachanlagen zu erfassen, die zum Abschlussstichtag noch nicht fertig gestellt sind. Sobald sich die Anlage in einem betriebsbereiten Zustand befindet, ist sie in den entsprechenden Posten des Sachanlagevermögens umzubuchen.

Finanzanlagen

Das Finanzanlagevermögen ist nach § 266 Abs. 2 HGB in sechs Posten zu untergliedern:
1. Anteile an verbundenen Unternehmen
2. Ausleihungen an verbundene Unternehmen
3. Beteiligungen
4. Ausleihungen an Unternehmen, mit denen ein Beteiligungsverhältnis besteht
5. Wertpapiere des Anlagevermögens
6. Sonstige Ausleihungen

Die Zuordnung von Rechten zu einem der genannten Posten richtet sich zum einen danach, ob das bilanzierende Unternehmen einem Zuordnung von Rechten

Dritten Eigenkapital oder Fremdkapital überlassen hat, und zum anderen nach der Intensität der Verbindung zu dem Dritten.

Stellt ein Unternehmen einem anderen Unternehmen Mittel zur Verfügung, die dort zum *Eigenkapital* rechnen, kommt ein Ausweis unter den folgenden Posten in Frage:

- Anteile an verbundenen Unternehmen
- Beteiligungen
- Wertpapiere des Anlagevermögens

Anteilsrechte in diesem Sinne sind z. B. Aktien, GmbH-Anteile, Kommandit- oder Komplementäreinlagen.

Tritt das Unternehmen stattdessen als *Fremdkapital*geber auf, ist die aus dem Vorgang resultierende Finanzforderung unter einem der folgenden Posten auszuweisen:

- Ausleihungen an verbundene Unternehmen
- Ausleihungen an Unternehmen, mit denen ein Beteiligungsverhältnis besteht
- Sonstige Ausleihungen
- Wertpapiere des Anlagevermögens

Ausleihungen

Zu den Ausleihungen gehören langfristige Finanz- und Kapitalforderungen, die auf der Grundlage eines schuldrechtlichen Vertrags eingegangen wurden (z. B. eines Darlehensvertrags).

Wertpapiere

Wertpapiere liegen vor, wenn das Anteilsrecht oder die Finanz- und Kapitalforderung verbrieft sind (z. B. bei Aktien oder Schuldverschreibungen).

Außerdem richtet sich die Zuordnung nach der Intensität der Verbindung zwischen Kapitalgeber und -nehmer. Nach dem Grad des Einflusspotenzials wird unterschieden zwischen

- verbundenen Unternehmen,
- Unternehmen, mit denen ein Beteiligungsverhältnis besteht, und
- sonstigen Unternehmen.

Verbundene Unternehmen

Verbundene Unternehmen sind – vereinfacht ausgedrückt – sämtliche Unternehmen, zwischen denen ein Konzernverhältnis besteht (§ 271 Abs. 2 HGB). Zum Kreis der Konzernunternehmen zählen dabei alle Unternehmen, die als Tochterunternehmen eines gemeinsamen Mutterunternehmens anzusehen sind, sowie das Mutterunternehmen selbst. Wann ein Mutter-Tochter-Verhältnis gegeben ist, regelt § 290 HGB. Als typischer Fall ist die Stimmrechtsmehrheit an einem anderen Unternehmen zu betrachten.

Achtung:
Voraussetzung für den Ausweis von Anteilen an verbundenen Unternehmen unter den Finanzanlagen ist, dass eine Daueranlageabsicht besteht. Wollen Sie die die Anteile nur vorübergehend halten, kommt nur ein Ausweis im Umlaufvermögen unter dem gleichnamigen Posten in Betracht.

Ein Ausweis unter den **Beteiligungen** hat demgegenüber dann zu erfolgen, wenn das bilanzierende Unternehmen Anteile an einem anderen Unternehmen hält,

Beteiligungen

* die dazu bestimmt sind, dem eigenen Geschäftsbetrieb durch Herstellung einer dauernden Verbindung zu dem anderen Unternehmen zu dienen (§ 271 Abs. 1 HGB), und wenn
* das andere Unternehmen nicht zum Kreis der verbundenen Unternehmen gehört.

Achtung:
Die Höhe des Anteilsbesitzes ist nicht entscheidend; es zählt allein dessen Zweckbestimmung. Im Zweifel gilt jedoch ein Anteilsbesitz von mehr als 20 % an einer Kapitalgesellschaft als Beteiligung (vgl. § 271 Abs. 1 Satz 3 HGB). Diese gesetzliche Vermutung kann jedoch widerlegt werden.

Sind langfristig gehaltene Anteile in Wertpapieren verbrieft, muss ein Ausweis im Posten **Wertpapiere des Anlagevermögens** erfolgen, wenn diese weder als Anteile an verbundenen Unternehmen noch als Beteiligung zu klassifizieren sind. Andernfalls geht der Ausweis unter dem „strengeren" Posten vor.
Ausleihungen an Unternehmen, mit denen ein Beteiligungsverhältnis besteht, umfassen sowohl Ausleihungen vom beteiligten Unternehmen an ein Beteiligungsunternehmen als auch den umgekehrten Fall von Ausleihungen vom Beteiligungsunternehmen an das an ihm beteiligte Unternehmen.
Unter die **sonstigen Ausleihungen** sind z. B. langfristige Kredite an Gesellschafter und Mitglieder der Unternehmensorgane sowie Kau-

Sonstige Ausleihungen

tionen bei Miet- und Pachtverträgen zu fassen. Ausleihungen an GmbH-Gesellschafter oder Gesellschafter von voll haftungsbeschränkten Personenhandelsgesellschaften sind dabei in der Bilanz gesondert auszuweisen oder im Anhang anzugeben (§ 42 Abs. 3 GmbHG, § 264c Abs. 1 HGB).

> **Achtung:**
> Aus der Haupttätigkeit eines Unternehmens resultierende langfristige Forderungen sind nicht im Anlagevermögen unter den Ausleihungen auszuweisen, sondern im Umlaufvermögen unter den Forderungen aus Lieferungen und Leistungen.

5.2.2 Bewertung des Anlagevermögens

Wertobergrenze Die Anschaffungs- oder Herstellungskosten bilden den Ausgangspunkt der Bewertung des Anlagevermögens. Sie stellen zugleich die bilanzielle **Wertobergrenze** dar, die nicht überschritten werden darf (§ 253 Abs. 1 HGB).

Planmäßige Abschreibung Anlagegüter, deren Nutzung erfahrungsgemäß aufgrund von Verschleiß, technischem Fortschritt, wirtschaftlicher Entwertung und ähnlichen Gründen zeitlich beschränkt ist, sind **planmäßig abzuschreiben**. Die Abschreibungen verteilen die Anschaffungs- oder Herstellungskosten nach einem im Voraus festgelegten Plan auf den Zeitraum der voraussichtlichen Nutzung. Auf diese Weise wird der Unternehmenserfolg jedes Jahr, in dem der Vermögensgegenstand eingesetzt wird, mit einem bestimmten Anteil der Anschaffungs- oder Herstellungskosten belastet (§ 253 Abs. 2 HGB). Die insgesamt geleistete Auszahlung bei Anschaffung mindert also nicht sofort den Erfolg des Unternehmens.

> **Achtung:**
> Auf Grundstücke und Finanzanlagen sind grundsätzlich keine planmäßigen Abschreibungen vorzunehmen, da diese Vermögensarten zum nicht-abnutzbaren Anlagevermögen rechnen.

Die um die planmäßigen Abschreibungen im Zeitablauf gekürzten Anschaffungs- oder Herstellungskosten werden auch als *fortgeführte Anschaffungs- oder Herstellungskosten* bezeichnet.

Sinkt der Wert eines Anlagegutes unerwartet unter die fortgeführten Anschaffungs- oder Herstellungskosten, kann es notwendig sein, außerplanmäßige Abschreibungen vorzunehmen. Außerplanmäßige Abschreibungen können sowohl das abnutzbare als auch das nicht-abnutzbare Anlagevermögen betreffen. — *Außerplanmäßige Abschreibungen*

Wenn der Wert eines zuvor außerplanmäßig abgeschriebenen Vermögensgegenstands in der Folgezeit wieder steigt, muss oder kann die Wertaufholung in Form bilanzieller **Zuschreibungen** zu berücksichtigen sein. — *Zuschreibungen*

Inwieweit außerplanmäßige Abschreibungen und Zuschreibungen erfolgen müssen oder insoweit lediglich ein Wahlrecht besteht, bestimmt sich nach Rechtsform und Größe des Unternehmens. Sie müssen auch an dieser Stelle wieder unterscheiden zwischen

- Kapitalgesellschaften und voll haftungsbeschränkten Personenhandelsgesellschaften,
- Unternehmen, die dem Publizitätsgesetz unterliegen, sowie
- nicht publizitätspflichtigen Einzelkaufleuten und Personenhandelsgesellschaften.

Achtung:
Die gewählten (planmäßigen) Abschreibungsmethoden sind grundsätzlich einheitlich und stetig anzuwenden (§ 252 Abs. 1 Nr. 6 HGB).

Haben Sie sich bei einem Vermögensgegenstand für eine bestimmte Abschreibungsmethode entschieden, ist diese im Zeitablauf beizubehalten und auch auf andere Vermögensgegenstände anzuwenden, die vergleichbaren Abnutzungsbedingungen unterliegen. Änderungen und Abweichungen in Bezug auf die Abschreibungsmethode sind nur in begründeten Ausnahmefällen zulässig (§ 252 Abs. 2 HGB). Kapitalgesellschaften und voll haftungsbeschränkte Personenhandelsgesellschaften müssen über die angewandten Bewertungsmethoden und etwaige Durchbrechungen im Zeitablauf im Anhang berichten (§ 284 Abs. 2 Nr. 1, 3 HGB).

Planmäßige Abschreibungen

> **Planmäßige Abschreibungen (§ 253 Abs. 2 HGB)**
>
> Bei Vermögensgegenständen des Anlagevermögens, deren Nutzung zeitlich begrenzt ist, sind die Anschaffungs- oder Herstellungskosten um planmäßige Abschreibungen zu vermindern. Der Plan muss die Anschaffungs- oder Herstellungskosten auf die Geschäftsjahre verteilen, in denen der Vermögensgegenstand voraussichtlich genutzt werden kann.

Abschreibungs-plan

Die Höhe der planmäßigen Abschreibungen bestimmt sich nach dem bei Zugang eines Vermögensgegenstandes festgelegten Abschreibungsplan. Dieser muss folgende Größen enthalten:

- den abzuschreibenden Betrag
- die Nutzungsdauer
- die Abschreibungsmethode

Abschreibungs-basis

Der **abzuschreibende Betrag** entspricht den Anschaffungs- oder Herstellungskosten abzüglich eines etwaigen Restwerts am Ende der Nutzungsdauer. Kann der Restwert nicht hinreichend sicher geschätzt werden oder ist seine Höhe unwesentlich, dürfen Sie ihn vernachlässigen.

Nutzungsdauer

Die **Nutzungsdauer** bezeichnet den Zeitraum, während dessen das Anlagegut voraussichtlich genutzt werden kann. Dabei ist die wirtschaftliche Nutzungsdauer und nicht die (meist längere) technische Nutzungsdauer maßgebend. Bei der Bestimmung der Nutzungsdauer eröffnen sich Ihnen erhebliche Ermessensspielräume.

In Sonderfällen bestehen gesetzliche Regelungen hinsichtlich der Nutzungsdauer. So haben Sie bei einem aktivierten Geschäfts- oder Firmenwert das Wahlrecht, diesen

- sofort als Aufwand zu verrechnen oder
- den aktivierten Betrag abzuschreiben, und zwar
  - in den folgenden vier Jahren zu jeweils mindestens 25 % oder
  - über die Dauer der voraussichtlichen Nutzung (§ 255 Abs. 4 HGB).

Abschreibungs-methode

Als **Abschreibungsmethode** ist ein Verfahren zu wählen, das den Abnutzungsverlauf widerspiegelt. Die infrage kommenden Verfahren sollen Ihnen anhand des folgenden Beispiels verdeutlicht werden.

Beispiel: Planmäßige Abschreibungen

Die Anschaffungskosten einer Maschine betragen 120.000 €. Ihre Nutzungsdauer beläuft sich auf 6 Jahre. Ein Restwert liegt nicht vor.

1. Verfahren: Lineare Abschreibung

Der abzuschreibende Betrag wird gleichmäßig über die Nutzungsdauer verteilt. Damit führt die lineare Abschreibung zu identischen Abschreibungsbeträgen im Zeitablauf.

Periode	Abschreibungsbetrag (in €)	Buchwert Jahresende (in €)
Jahr 1	20.000	100.000
Jahr 2	20.000	80.000
Jahr 3	20.000	60.000
Jahr 4	20.000	40.000
Jahr 5	20.000	20.000
Jahr 6	20.000	0
Summe	**120.000**	

2. Verfahren: Geometrisch-degressive Abschreibung

Bei der degressiven Abschreibung wird der Ausgangswert mit im Zeitablauf fallenden Beträgen abgeschrieben, d. h., zu Beginn der Nutzungsdauer werden hohe Abschreibungen erfasst, die im weiteren Verlauf der Nutzungsdauer kontinuierlich abnehmen. Die Abschreibungsbeträge ergeben sich durch die Multiplikation des Buchwerts mit einem konstanten Prozentsatz.

In der Praxis wird häufig in dem Jahr von der geometrisch-degressiven Abschreibung auf die lineare Abschreibung gewechselt, in dem sich bei linearer Abschreibung des Restbuchwerts ein höherer Abschreibungsbetrag ergibt als bei Fortführung der degressiven Abschreibung. Ist dieser Methodenübergang im Abschreibungsplan enthalten, begründet er keine Durchbrechung des Stetigkeitsgebots, sondern eine eigenständige (kombinierte) Abschreibungsmethode.

Kombinierte Abschreibungsmethode

Im vorliegenden Fall wird unterstellt, dass für die degressive Abschreibung im Einklang mit steuerrechtlichen Vorgaben (§ 7 Abs. 2 EStG) ein Abschreibungsprozentsatz von 30 % zu Grunde gelegt wird. Im vierten Jahr wird von der geometrisch-degressiven zur linearen Abschreibung gewechselt, da in diesem Jahr die lineare

Abschreibung (13.720 €) höher ist als die degressive Abschreibung (12.348 €).

Periode	Abschreibungsbetrag (in €)	Buchwert Jahresende (in €)
Jahr 1	36.000	84.000
Jahr 2	25.200	58.800
Jahr 3	17.640	41.160
Jahr 4	13.720	27.440
Jahr 5	13.720	13.720
Jahr 6	13.720	0
Summe	**120.000**	

Ab dem 1.1.2008 soll im Rahmen der anstehenden Unternehmenssteuerreform die degressive Abschreibung wieder auf das bisherige Niveau von 20 % abgesenkt werden.

3. Verfahren: Arithmetisch-degressive (digitale) Abschreibung

Steuerrechtlich unzulässiges Verfahren

Die digitale Abschreibung ist dadurch charakterisiert, dass sich der jährliche Abschreibungsbetrag um einen konstanten Betrag (so genannter Degressionsbetrag) vermindert. Da die digitale Abschreibung steuerrechtlich nicht zulässig ist (§ 7 Abs. 2 EStG), findet sie auch im handelsrechtlichen Jahresabschluss nur selten Anwendung und wird im Folgenden nicht weiter erläutert.

4. Verfahren: Leistungsabhängige Abschreibung

Bei dem leistungsabhängigen Abschreibungsverfahren wird der jährliche Abschreibungsbetrag nach Maßgabe der Inanspruchnahme ermittelt. Diese Methode bietet sich vor allem an, wenn Anlagegüter über die Zeit hinweg sehr unterschiedlich ausgelastet werden und der Verschleiß im Zeitablauf daher starke Schwankungen aufweist. Den Abschreibungsbetrag können Sie wie folgt bestimmen:

• Sie dividieren den Abschreibungsausgangswert durch die voraussichtlich erzielbaren Leistungseinheiten (z. B. Stückzahlen oder Maschinenstunden).

• Durch Multiplikation dieses Betrags, der den Abschreibungsbetrag pro Leistungseinheit angibt, mit der Leistungsmenge der betreffenden Periode erhalten Sie den Abschreibungsbetrag dieser Periode.

Periode	Leistungsmenge (in Std.)	Abschreibungs-betrag (in €)	Buchwert Jahresende (in €)
Jahr 1	20.000	15.000	105.000
Jahr 2	40.000	30.000	75.000
Jahr 3	10.000	7.500	67.500
Jahr 4	30.000	22.500	45.000
Jahr 5	25.000	18.750	26.250
Jahr 6	35.000	26.250	0
Summe	**160.000**	**120.000**	

5. Verfahren: Progressive Abschreibung

In Umkehrung des Prinzips der degressiven Abschreibung nehmen die Abschreibungsbeträge bei der progressiven Methode im Zeitablauf zu (in geometrischer oder arithmetischer Folge). Sie kommt handels- wie auch steuerrechtlich nur in Ausnahmefällen in Frage (z. B. bei Gewinnungsbetrieben, wie etwa Kiesgruben; § 7 Abs. 6 EStG) und wird im Folgenden nicht weiter erläutert.

Außerplanmäßige Abschreibungen

Neben den planmäßigen Abschreibungen können bei allen Anlagegütern auch außerplanmäßige Abschreibungen in Betracht kommen. Zu den außerplanmäßigen Abschreibungen zählen:

* Abschreibungen auf den niedrigeren beizulegenden Wert (Zeitwert)
* Abschreibungen auf den Wert nach vernünftiger kaufmännischer Beurteilung

Die Ursachen für Abschreibungen auf den **niedrigeren beizulegenden Wert** können insbesondere technischer oder wirtschaftlicher Natur sein. Dazu gehören z. B. äußere Einwirkungen infolge höherer Gewalt, Nutzung in mehreren Schichten, Absatzrückgängen und technischem Fortschritt.

Wird die Wertminderung eines Anlagegutes als nur vorübergehend eingeschätzt, *kann* eine außerplanmäßige Abschreibung vorgenommen werden. Eine Abschreibungspflicht besteht insoweit nicht (§ 253 Abs. 2 Satz 3 HGB). Für Kapitalgesellschaften und voll haftungsbeschränkte Personenhandelsgesellschaften gilt dieses Wahlrecht aber nur für Finanzanlagen (§ 279 Abs. 1 Satz 2 HGB). Das

Abschreibung auf den Zeitwert

73

immaterielle Anlagevermögen und die Sachanlagen unterliegen bei solchen Gesellschaften im Fall einer nur vorübergehenden Wertminderung dagegen einem Abschreibungsverbot.

Bei einer voraussichtlich dauernden Wertminderung von Anlagegütern *muss* dagegen zwingend eine außerplanmäßige Abschreibung erfolgen (§ 253 Abs. 2 Satz 3 HGB).

Dauer der Wertminderung		Rechtsform des Unternehmens	
		Kapitalgesellschaften/ voll haftungsbeschränkte Personenhandels- gesellschaften	Einzelkaufleute/ andere Personenhandels- gesellschaften
Voraus- sichtlich vor- übergehend	Finanzanlage- vermögen	Abschreibungswahlrecht	Abschreibungswahlrecht
	Übriges Anlage- vermögen	Abschreibungsverbot	
Voraussichtlich dauerhaft		Abschreibungspflicht	

Achtung:
Bevor Sie eine außerplanmäßige Abschreibung berücksichtigen, müssen Sie zunächst die planmäßigen Abschreibungen erfassen.

Wie wird der beizulegende Wert (Vergleichswert) ermittelt?

Wie der (niedrigere) beizulegende Wert, d. h. der den fortgeführten Anschaffungs- oder Herstellungskosten gegenüber zu stellende Vergleichswert, zum Abschlussstichtag zu ermitteln ist, konkretisiert der Gesetzgeber nur zum Teil.

Bestimmung anhand des Börsen- oder Marktpreises

Existiert für Gegenstände des Anlagevermögens ein Börsen- oder Marktpreis, so bestimmt dieser den beizulegenden Wert. Ein **Börsen- oder Marktpreis** wird aber – außer etwa für Wertpapiere des Anlagevermögens – eher selten vorliegen. Daher werden meist die *Wiederbeschaffungskosten* als Vergleichswert für Gegenstände des Anlagevermögens herangezogen, die sich nach den Preisverhältnissen auf dem Beschaffungsmarkt orientieren. Die Verhältnisse des Absatzmarkts werden dagegen nur dann zu Grunde gelegt, wenn Anlagen stillgelegt oder veräußert werden sollen.

Einen Sonderfall stellt die Bewertung von nicht börsennotierten Beteiligungen (z. B. GmbH-Anteilen) dar. Der Vergleichswert wird in diesem Fall durch den **Ertragswert** bestimmt. Dieser gibt den Barwert der mit einem risikoadäquaten Zinssatz diskontierten künftigen Zahlungen, die dem Bilanzierenden aus dem Beteiligungsengagement voraussichtlich zufließen, wieder. *(Randnotiz: Ertragswert von Beteiligungen)*

Über die Abschreibungen auf den niedrigeren beizulegenden (Zeit-) Wert hinaus können Sie u. U. nach vernünftiger kaufmännischer Beurteilung weitere Abschreibungen vornehmen (§ 253 Abs. 4 HGB). Aufgrund der vagen Formulierung wird in diesem Zusammenhang auch von *Willkürrücklagen* gesprochen, da der Kaufmann fast beliebig stille Reserven bilden kann. D. h., das Anlagevermögen wird in der Bilanz mit einem niedrigeren Wert als dem beizulegenden Wert angesetzt. Als Abschreibungsgründe werden u. a. die Verstetigung des Gewinnausweises und die Vorsorge für Investitionen angeführt.

Mit Blick auf die verzerrende Wirkung solcher Abschreibungen auf das Jahresabschlussbild ist diese Abschreibung für Kapitalgesellschaften und voll haftungsbeschränkte Personenhandelsgesellschaften untersagt (§ 279 Abs. 1 HGB).

Steuerliche Abschreibungen in der Handelsbilanz

Einen Sonderfall der handelsrechtlich zulässigen Abschreibungen stellen die so genannten rein steuerlichen Abschreibungen dar, die nach § 254 HGB zulässig sind. Unter den Anwendungsbereich dieser Norm fallen insbesondere folgende steuerliche Vergünstigungen, die der Gesetzgeber aus wirtschaftspolitischen Gründen zulässt:

- **Sonderabschreibungen**, die neben den normalen steuerlichen Abschreibungen (AfA) gewährt werden
- **erhöhte Absetzungen**, die an Stelle der normalen steuerlichen Abschreibungen (AfA) gewährt werden
- **Übertragung von stillen Reserven** auf Ersatzgegenstände durch Abzüge von den Anschaffungs- oder Herstellungskosten

Aufgrund der Regelung des § 5 Abs. 1 Satz 2 EStG, wonach steuerrechtliche Wahlrechte bei der Gewinnermittlung in Übereinstimmung mit dem handelsrechtlichen Jahresabschluss auszuüben sind, ist eine korrespondierende bilanzielle Erfassung in Handels- und

Steuerbilanz zwingend[5]. Das Grundprinzip der Maßgeblichkeit der Handels- für die Steuerbilanz wird damit faktisch umgekehrt. Sie müssen die steuerrechtliche Abschreibung auch in der Handelsbilanz berücksichtigen, um die Vergünstigung bei der steuerrechtlichen Gewinnermittlung überhaupt nutzen können.

Zuschreibungen

Es stellt sich die Frage, wie Sie vorgehen müssen, wenn im Vorjahr eine außerplanmäßige Abschreibung vorgenommen wurde und im laufenden Geschäftsjahr der Wert des abgeschriebenen Objekts wieder steigt.

Wertaufholung Sie dürfen den niedrigeren Wertansatz trotzdem grundsätzlich beibehalten (§ 253 Abs. 5 HGB). Dies gilt nicht für Kapitalgesellschaften und voll haftungsbeschränkte Personenhandelsgesellschaften: Der Gesetzgeber verpflichtet diese Unternehmen, eine Zuschreibung (Wertaufholung) vorzunehmen, wenn die Gründe für eine vorausgegangene Abwertung entfallen (§ 280 Abs. 1 HGB). Dieses *Wertaufholungsgebot* gilt nur dann nicht, falls der niedrigere Wert auch bei der steuerrechtlichen Gewinnermittlung beibehalten werden kann (§ 280 Abs. 2 HGB). Diese neuerliche Verknüpfung von Handels- und Steuerbilanz läuft allerdings ebenfalls ins Leere, denn das Steuerrecht beinhaltet mittlerweile ein zwingendes Zuschreibungsgebot (§ 6 Abs. 1 EStG), das somit auf den handelsrechtlichen Jahresabschluss durchschlägt.

Die bilanzrechtliche Obergrenze der Wertaufholung bilden die fortgeführten Anschaffungs- oder Herstellungskosten. Zudem darf die Zuschreibung nur den Betrag erfassen, der zuvor Gegenstand einer außerplanmäßigen Abschreibung war.

---

[5] Die gesetzliche Einschränkung für Kapitalgesellschaften und voll haftungsbeschränkte Personenhandelsgesellschaften, wonach rein steuerliche Abschreibungen nur zulässig sind, soweit das Steuerrecht einen entsprechenden Ausweis in der Handelsbilanz fordert (§ 279 Abs. 2 HGB), läuft durch die umfassende Regelung der umgekehrten Maßgeblichkeit in § 5 Abs. 1 Satz 2 EStG ins Leere.

Beispiel:

Die Stick AG hat am 01.01.03 eine Maschine zu Anschaffungskosten von 100.000 € erworben. Die Nutzungsdauer der Maschine beläuft sich auf 10 Jahre. Sie wird linear abgeschrieben. Am 31.12.05 stellt die Gesellschaft fest, dass die Wiederbeschaffungskosten für die gebrauchte Maschine aufgrund des technischen Fortschritts nur noch 50.000 € betragen. Sie geht davon aus, dass die Wertminderung über einen erheblichen Zeitraum der Restnutzungsdauer der Maschine anhalten wird (dauernde Wertminderung). Am 31.12.06 stellt sich jedoch heraus, dass die Wiederbeschaffungskosten für eine altersgleiche Maschine 70.000 € betragen.

Wie ist die Maschine in den Jahren 03 bis 06 bilanziell anzusetzen?

In den Jahren 03 und 04 sind ausschließlich planmäßige Abschreibungen zu berücksichtigen. Zum Ende des Jahres 05 liegt der beizulegende (Zeit-)Wert (50.000 €) unter den fortgeführten Anschaffungskosten (70.000 €). Aufgrund der voraussichtlich dauernden Wertminderung müssen Sie eine außerplanmäßige Abschreibung vornehmen.

Im Jahr 06 sind die Gründe für die außerplanmäßige Abschreibung entfallen. Sie müssen eine Zuschreibung vornehmen, allerdings nur bis zu den fortgeführten Anschaffungskosten (100.000 € – 4 x 10.000 € = 60.000 €).

Stichtag	Buchwert	Planmäßige Abschreibungen	Außerplanmäßige Abschreibungen	Zuschreibungen
31.12.03	90.000	- 10.000		
31.12.04	80.000	- 10.000		
31.12.05	50.000	- 10.000	- 20.000	
31.12.06	60.000			+ 10.000

Die folgende Übersicht fasst die Bewertung des Anlagevermögens nochmals zusammen:

Übersicht: Bewertung des Anlagevermögens

	Kapitalgesellschaften und voll haftungsbeschränkte Personenhandelsgesellschaften	Nicht publizitätspflichtige Einzelkaufleute und Personenhandelsgesellschaften Unternehmen, die dem Publizitätsgesetz unterliegen
Anlagevermögen allgemein		
Basiswert/ Wertobergrenze	Anschaffungs- oder Herstellungskosten (§ 253 Abs. 1 HGB)	
Abschreibungspflichten	Planmäßige Abschreibungen bei abnutzbarem Anlagevermögen (§ 253 Abs. 2 Satz 1 und 2 HGB)	
	Außerplanmäßige Abschreibungen bei voraussichtlicher dauernder Wertminderung (§ 253 Abs. 2 Satz 3 HGB)	
Abschreibungswahlrechte	Außerplanmäßige Abschreibungen bei Finanzanlagen bei voraussichtlich vorübergehender Wertminderung (§ 279 Abs. 1 Satz 2 HGB)	Außerplanmäßige Abschreibungen bei voraussichtlich vorübergehender Wertminderung (§ 253 Abs. 2 Satz 3 HGB)
	Außerplanmäßige Abschreibungen bei steuerlicher Abwertung und umgekehrter Maßgeblichkeit (§ 279 Abs. 2 HGB)	Außerplanmäßige Abschreibungen bei steuerlicher Abwertung (§ 254 HGB)
		Außerplanmäßige Abschreibungen im Rahmen vernünftiger kaufmännischer Beurteilung (§ 253 Abs. 4 HGB)
Zuschreibungen	Zuschreibungspflicht (§ 280 Abs. 1 HGB)	Zuschreibungswahlrecht (§ 253 Abs. 5 HGB)
Sonderfall: Geschäfts- oder Firmenwerte		
Basiswert/ Wertobergrenze	Unterschiedsbetrag zwischen der Gegenleistung und dem Zeitwert der übernommenen Vermögensgegenstände abzüglich Schulden im Zeitpunkt der Übernahme	
Abschreibungen	Abschreibung in jedem folgenden Geschäftsjahr zu mindestens 25 % oder planmäßige Abschreibung über die Nutzungsdauer (§ 255 Abs. 4 HGB)	
	Ggf. außerplanmäßige Abschreibungen und Zuschreibungen gemäß den allgemeinen Grundsätzen	

Bewertungsvereinfachungen

Laut Gesetz ist jeder Vermögensgegenstand und jede Schuld grundsätzlich **einzeln** zu bewerten (§ 252 Abs. 1 Nr. 3 HGB). Angesichts des hiermit verbundenen Aufwands dürfen Sie aber unter bestimmten Voraussetzungen von diesem Einzelbewertungsgrundsatz abweichen. Für die Bewertung der Vermögensgegenstände des Anlagevermögens kommen dabei folgende Vereinfachungen in Betracht:

Übersicht: Bewertungsvereinfachungsverfahren im Anlagevermögen

	Durchschnitts- methode	Gruppen- bewertung	Festbewertung
Rechts- grundlage	Ungeschriebene GoB	§ 256 Satz 2 i. V. m. § 240 Abs. 4 HGB	§ 256 Satz 2 i. V. m. § 240 Abs. 3 HGB
Anwendungs- bereich	bewegliche Vermögens- gegenstände	gleichartige oder annähernd gleich- wertige bewegliche Vermögens- gegenstände	Sachanlagen
Grundidee	Bewertung mit gewogenem Mittel aus Anfangs- bestand und Zugängen	Anwendung der Durchschnitts- methode auf die genannten Vermögensgruppen	Ansatz mit im Zeitablauf gleich bleibender Menge und gleich bleiben- dem Wert
Varianten	Periodische/ gleitende Durch- schnittsmethode	Periodische/ gleitende Durch- schnittsmethode	

Bei der **Durchschnittsmethode** werden die Abgänge und der Endbestand mit dem gewogenen Durchschnittswert bewertet. Dieser errechnet sich aus dem Wert des Anfangsbestands zuzüglich des Werts der Zugänge dividiert durch die Summe der Mengen des Anfangsbestands und der Zugänge.

Durchschnitts- methode

Beispiel: Durchschnittsmethode

Bestandskomponente	Menge (Stück)	Preis je Stück (€)	Wert (€)
Anfangsbestand	100	10	1.000
Zugang 1	+ 40	12	+ 480
Abgang 1	– 20	?	?
Zugang 2	+ 10	13	+ 130
Abgang 2	– 60	?	?
Endbestand	70		?

Zunächst ermitteln Sie den periodischen Durchschnittswert. Sowohl die Abgänge als auch der Endbestand können dann mit diesem Wert bewertet werden:

Periodischer Durchschnittswert (€):	(1.000 + 480 + 130) / (100 + 40 + 10) = 10,73
Abgänge (€):	(20 + 60) x 10,73 = 858,40
Endbestand (€):	70 x 10,73 = 751,10

Bei der **gleitenden Methode** wird der Durchschnittswert vor jedem Abgang neu ermittelt, soweit dem Vermögensabgang ein Zugang voranging.

Durchschnittwert nach Zugang 1 (€):	(1.000 + 480) / (100 + 40) = 10,57
Wert des Abgangs 1 (€):	20 x 10,57 = 211,40
Durchschnittwert nach Zugang 2 (€):	(1.000 + 480 – 211,40 + 130) / (100 + 40 – 20 + 10) = 10,76
Wert des Abgangs 2 (€):	60 x 10,76 = 645,60
Endbestand (€):	1.000 + 480 – 211,40 + 130 – 645,60 = 753,00

Mit dem gewogenen Durchschnitt dürfen prinzipiell nur gleiche Vermögensgegenstände bewertet werden. Dieser Grundsatz wird allerdings gesetzlich aufgeweicht: *Gleichartige oder annähernd gleichwertige bewegliche Anlagegüter* können Sie zu einer Bewertungsgruppe zusammenfassen und ebenfalls mit dem gewogenen Durchschnitt bewerten (§ 240 Abs. 4, § 256 Satz 2 HGB). Als gleichartig sind dabei Güter zu beurteilen, die der gleichen Warengattung angehören (Artgleichheit) oder die zumindest der gleichen Funktion dienen (Funktionsgleichheit). Annähernde Gleichwertigkeit ist gegeben, wenn die Preise der in der Bewertungsgruppe zusammenge-

fassten Vermögensgegenstände nicht wesentlich voneinander abweichen. Dabei wird eine Bandbreite von 20 % zwischen höchstem und
niedrigstem Wert der Vermögensgegenstände als vertretbar angesehen.
Für Maschinen und technische Anlagen sowie vor allem für die   Festbewertung
Betriebs- und Geschäftsausstattung kommt des Weiteren die so
genannte **Festbewertung** in Betracht (vgl. § 240 Abs. 3 HGB), die
hinsichtlich des Vereinfachungsgrades noch einen Schritt weiter
geht: Die Bewertung der Sachanlagen erfolgt mit gleich bleibender
Menge und gleich bleibendem Wert. Die Festbewertung geht also
davon aus, dass sich Verbrauch und Zugänge ungefähr entsprechen.
Voraussetzungen für die Anwendung der Festbewertung sind, dass

- die Sachanlagen regelmäßig ersetzt werden,
- ihr Gesamtwert für das Unternehmen von nachrangiger Bedeutung ist und
- der Bestand in Umfang, Wert und Zusammensetzung nur gerin-
  gen Veränderungen unterliegt.

Die Festbewertung wird z. B. für folgende Vermögensarten angewandt: Werkzeuge, Gerüst- und Schalungsteile, Hotelgeschirr. Die
Anschaffungs- oder Herstellungskosten werden in den ersten Jahren
planmäßig abgeschrieben, bis der langfristig erwartete (Fest-)Wert
von regelmäßig 40 % bis 50 % der Anschaffungs- oder Herstellungskosten erreicht ist.

> **Tipp:**
> Den Festwert sollten Sie in der Regel alle drei Jahre durch eine körperli-
> che Inventur überprüfen (§ 240 Abs. 3 HGB). Ergibt sich ein Mehrbe-
> stand, müssen Sie den Festwert ändern, wenn die Abweichung 10 % des
> bisherigen Festwerts überschreitet. Bei einem Minderbestand müssen
> Sie dagegen stets eine Abwertung vornehmen.

Die Behandlung von geringwertigen Vermögensgegenständen

Mit Blick auf die Wirtschaftlichkeit der Rechnungslegung und We-
sentlichkeitsaspekte können Sie für geringwertige Vermögensgegenstände weitere Vereinfachungen anwenden. Das Handelsrecht
enthält hierzu keine konkreten Betragsgrenzen, so dass insoweit
häufig auf die ausdrücklichen steuerlichen Vorgaben zurückgegrif-
fen wird. Danach gilt Folgendes:

- Anlagegüter mit Anschaffungs- oder Herstellungskosten von bis zu 410 € können im Jahr des Zugangs sofort voll abgeschrieben werden (§ 6 Abs. 2 EStG).
- Anlagegüter mit Anschaffungs- oder Herstellungskosten bis zu 60 € müssen überhaupt nicht als Zugang erfasst, sondern dürfen unmittelbar als Aufwand gebucht werden (R 6.13 Abs. 2 EStR).

Die steuerlichen Vereinfachungsregeln werden auch für Zwecke des handelsrechtlichen Jahresabschlusses als GoB anerkannt. Sie müssen aber beachten, dass handelsrechtlich keine Bindung an die zuvor genannten steuerlichen Höchstbeträge bestehen.

5.2.3 Anlagenspiegel

Mittelgroße und große Kapitalgesellschaften und voll haftungsbeschränkte Personenhandelsgesellschaften müssen die Entwicklung der einzelnen Posten des Anlagevermögens sowie der *Aufwendungen für die Ingangsetzung und Erweiterung des Geschäftsbetriebs* darstellen. Dieser so genannte Anlagenspiegel kann entweder in der Bilanz oder im Anhang gezeigt werden (§ 268 Abs. 2 HGB).

Direkte Bruttomethode

Die Darstellung der Entwicklung muss nach der so genannten **direkten Bruttomethode** erfolgen. Danach sind die Restbuchwerte der Posten am Ende des jeweiligen Geschäftsjahrs ausgehend von den ursprünglichen (historischen) Anschaffungs- oder Herstellungskosten abzuleiten.

Bewegungsarten

Folgende Bewegungsarten haben Sie im Anlagenspiegel im Einzelnen zwingend auszuweisen:

- **Historische Anschaffungs- oder Herstellungskosten**
  An dieser Stelle sind die ursprünglich angefallenen Anschaffungs- oder Herstellungskosten der am Anfang des Geschäftsjahrs noch vorhandenen Anlagegegenstände zu zeigen.
- **Zugänge**
  Die Zugänge des Geschäftsjahrs sind mit den Anschaffungs- oder Herstellungskosten anzusetzen.
- **Abgänge**
  Auch die Abgänge des Geschäftsjahrs sind aufgrund der geforderten Bruttodarstellung zu den ursprünglichen Anschaffungs- oder Herstellungskosten auszuweisen.

- **Umbuchungen**
  Umbuchungen beinhalten Ausweisänderungen von bereits vorhandenen Anlagegegenständen. Ein typisches Beispiel dafür liegt vor, wenn ein Vermögensgegenstand nach seiner Fertigstellung aus dem Posten *Anlagen im Bau* ausscheidet und in den entsprechenden Bilanzposten übergeht. Auch Umbuchungen sind mit den ursprünglichen Anschaffungs- oder Herstellungskosten zu zeigen.

- **Zuschreibungen**
  Die Zuschreibungen beinhalten Wertsteigerungen des Geschäftsjahrs, durch die außerplanmäßige Abschreibungen vorangegangener Geschäftsjahre rückgängig gemacht werden. Da im Anlagegitter nur die Zuschreibungen des Geschäftsjahrs erscheinen, werden diese im nachfolgenden Geschäftsjahr mit den kumulierten Abschreibungen verrechnet.

- **Kumulierte Abschreibungen**
  Da der Restbuchwert des Geschäftsjahrs aus den ursprünglichen Anschaffungs- oder Herstellungskosten abgeleitet wird, werden unter den kumulierten Abschreibungen sämtliche Abschreibungen erfasst, die insgesamt vom Zugangszeitpunkt bis zum Ende des Geschäftsjahrs angefallen sind. Zuschreibungen aus früheren Geschäftsjahren sind mit dem aktuellen Wert an kumulierten Abschreibungen zu saldieren.

Achtung:
Die kumulierten Abschreibungen auf Abgänge dürfen Sie im Abgangsjahr nicht (mehr) unter den kumulierten Abschreibungen zeigen. Der Grund dafür liegt darin, dass Sie die Abgänge ja bereits zu ursprünglichen Anschaffungs- oder Herstellungskosten angesetzt haben.

- **Restbuchwert des Geschäftsjahrs**
- **Restbuchwert des Vorjahrs**
- **Abschreibungen des Geschäftsjahrs**
  Die Abschreibungen des Geschäftsjahrs müssen nicht unbedingt im Anlagenspiegel angegeben werden. Sie dürfen alternativ auch separat im Anhang genannt werden (§ 268 Abs. 2 Satz 3 HGB).

Der Restbuchwert am Ende des Geschäftsjahrs ergibt sich damit rechnerisch wie folgt:

	Historische Anschaffungs- oder Herstellungskosten
+	Zugänge
–	Abgänge
+/–	Umbuchungen
+	Zuschreibungen
–	Kumulierte Abschreibungen
=	**Restbuchwert am Ende des Geschäftsjahrs**

In der Praxis wird oftmals eine ausführlichere Darstellung des Anlagespiegels gewählt, die insbesondere die kumulierten Abschreibungen auf Abgänge gesondert nennt und die Abschreibungen des Geschäftsjahrs in die Darstellung integriert.

Beispiel: Anlagenspiegel

Die Stick AG kauft zu Beginn der Jahre 01, 02 und 03 jeweils eine Maschine (zu Anschaffungskosten von je 100.000 €), deren Nutzungsdauer einheitlich 10 Jahre beträgt. Die AG schreibt die Maschinen linear ab. Ende 04 wird die Maschine, die in 01 gekauft wurde, mit einem Gewinn von 20.000 € verkauft. Der Anlagenspiegel stellt sich in den Jahren 01 bis 04 wie folgt dar (alle Werte in T€):

Jahr	Posten	Historische AHK	Zugänge	Abgänge	Abschreibungen (kumuliert)	RBW Geschäftsjahr	RBW Vorjahr	Abschreibungen Geschäftsjahr
01	Maschinen		100	–	10	90	–	10
02	Maschinen	100	100	–	30	170	90	20
03	Maschinen	200	100	–	60	240	170	30
04	Maschinen	300	–	100	50	150	240	30

5.2.4 Sonderfall: Aufwendungen für die Ingangsetzung und Erweiterung des Geschäftsbetriebs

Ingangsetzung

Mit der Aufnahme einer Geschäftstätigkeit oder dem Ausbau des bestehenden Geschäftsbetriebs gehen oftmals hohe Aufwendungen einher, die den Jahreserfolg erheblich belasten. Nicht selten geraten solche Unternehmen in der Anlaufphase neuer Aktivitäten daher in die Verlustzone. Zu den **Ingangsetzungsaufwendungen** gehören insbesondere Ausgaben für

*   den Aufbau der Innen- und Außenorganisation,
*   die Personalbeschaffung und -schulung,
*   die Einrichtung der Beschaffungs- und Absatzwege und
*   die Einführungswerbung.

Unter **Erweiterungsaufwendungen** werden dagegen sämtliche Maßnahmen verstanden, die auf die Kapazitätserhöhung des Unternehmens gerichtet sind (z. B. die Erhöhung der Zahl der Verarbeitungsschritte, der Anzahl an Erzeugnissen sowie der Produktqualität). *Erweiterung*

Um den Unternehmen ein Instrument an die Hand zu geben, mit dem sich der Ausweis eines *Jahresfehlbetrags* oder einer *Unterbilanz* oder bilanziellen (formellen) *Überschuldung* vermeiden oder zumindest verringern lässt, hat der Gesetzgeber das Wahlrecht zur Aktivierung von Ingangsetzungs- und Erweiterungsaufwendungen eingeräumt (§ 269 HGB). Die Inanspruchnahme dieses Wahlrechts ist dabei von Gesetzes wegen nicht daran geknüpft, dass eine der drei genannten Situationen (Verlust, Unterbilanz, bilanzielle Überschuldung) tatsächlich vorliegt. Eine Aktivierung kann daher nach allgemeiner Ansicht auch dann erfolgen, wenn ein Unternehmen positive Ergebnis- und Eigenkapitalwerte ausweist. *Aktivierungs-wahlrecht*

Eine Unterbilanz ist dann gegeben, wenn der Jahresfehlbetrag nach Verrechnung mit einem Gewinn- oder Verlustvortrag die Summe der Rücklagen übersteigt. Das gezeichnete Kapital ist in dieser Lage teilweise durch Verluste aufgezehrt. *Unterbilanz*

Eine Unterbilanz ist streng von der bilanziellen bzw. formellen Überschuldung zu trennen. Letztere liegt vor, wenn das Eigenkapital durch Verluste vollständig aufgezehrt ist und – bei Kapitalgesellschaften – auf der Aktivseite ein nicht durch Eigenkapital gedeckter Fehlbetrag ausgewiesen wird. Das Vermögen deckt dann nicht mehr die Verbindlichkeiten. *Formelle Überschuldung*

Von der formellen Überschuldung ist wiederum die insolvenzrechtliche Überschuldung zu unterscheiden (§ 19 Abs. 2 InsO). Bei dessen Überprüfung erstellen Sie eine besondere Überschuldungsbilanz, in der stille Reserven aufgedeckt werden müssen. Da die Zeitwerte die Buchwerte übersteigen können, bedeutet eine bilanzielle Über- *Insolvenzrechtliche Überschuldung*

schuldung nicht auch zwangsläufig eine insolvenzrechtliche Überschuldung.

Das Aktivierungswahlrecht des § 269 HGB ist auf Kapitalgesellschaften und voll haftungsbeschränkte Personenhandelsgesellschaften gerichtet. Es gilt darüber hinaus für Unternehmen, die unter den Anwendungsbereich des PublG fallen, vor allem also große Personenhandelsgesellschaften und Einzelkaufleute (§ 5 Abs. 1 Satz 2 PublG). Ob auch andere Unternehmen diese Bilanzierungshilfe in Anspruch nehmen dürfen, ist umstritten.

Wird von dem Wahlrecht zur Aktivierung von Ingangsetzungs- und Erweiterungsaufwendungen Gebrauch gemacht, ist dies nicht gleichbedeutend damit, dass alle Aufwendungen der im Einzelfall vorliegenden Art angesetzt werden müssen. Es ist vielmehr auch zulässig, nur einen Teilbetrag zu aktivieren.

Achtung:

Für die Kosten der Gründung und Eigenkapitalbeschaffung, die im Zuge einer Geschäftsaufnahme im Allgemeinen zeitlich vor der Ingangsetzung anzusiedeln sind, besteht ein ausdrückliches Aktivierungsverbot (§ 248 Abs. 1 HGB).

Gründungsaufwendungen erfassen die Kosten der rechtlichen Entstehung der Gesellschaft (etwa die Gerichts-, Notar- und Gründungsprüfungskosten). Zu den Eigenkapitalbeschaffungskosten rechnen z. B. Prospektkosten, Maklergebühren, Ausgabekosten.

Ausschüttungs-
sperre

Hat der Bilanzierende Ingangsetzungs- oder Erweiterungsaufwendungen aktiviert, steigt sein Jahreserfolg. Da es sich bei diesem Bilanzposten aber um eine **Bilanzierungshilfe** handelt, schreibt der Gesetzgeber vor, dass Gewinne nur ausgeschüttet werden dürfen, *wenn die nach der Ausschüttung verbleibenden jederzeit auflösbaren Gewinnrücklagen zuzüglich eines Gewinnvortrags und abzüglich eines Verlustvortrags dem angesetzten Betrag mindestens entsprechen* (§ 269 Satz 2 HGB). Mit dieser **Ausschüttungssperre** soll erreicht werden, dass nur so viel Gewinn an die Anteilseigner ausgeschüttet werden kann, wie dies auch ohne Ansatz der Bilanzierungshilfe möglich gewesen wäre.

Aktivierte Aufwendungen für die Ingangsetzung oder Erweiterung des Geschäftsbetriebs sind ab dem auf die Aktivierung folgenden

Jahr zu *mindestens 25 % pro Jahr* durch **Abschreibungen** zu tilgen (vgl. § 282 HGB). Höhere Abschreibungssätze sind damit ebenfalls zulässig.

Ausweis in der Bilanz

Auszuweisen ist der Posten *Aufwendungen für die Ingangsetzung und Erweiterung des Geschäftsbetriebs* **vor dem Anlagevermögen** und – wenn dieser ebenfalls vorliegt – nach dem Posten *ausstehende Einlagen auf das gezeichnete Kapital.* Seine Entwicklung ist im **Anlagespiegel darzustellen.**

5.2.5 Sonderfall: Leasing

> **Leasing**
>
> Beim Leasing handelt es sich zivilrechtlich um eine besondere Form des Mietvertrags (§ 535 BGB). Darin verpflichtet sich der Leasinggeber, dem Leasingnehmer den Leasinggegenstand gegen Zahlung eines vereinbarten periodischen Entgelts (Leasingrate) zur Verfügung zu stellen.

Definition

Zivilrechtlicher Eigentümer des Leasingobjekts bleibt stets der Leasinggeber. Allerdings spielt dies für die Frage, welche der beiden Vertragsparteien das Leasingobjekt aktivieren muss, keine Rolle. Wie in Kapitel 5.1.2 erläutert, ist diesbezüglich das **wirtschaftliche Eigentum** maßgebend.

Handelsrechtlich existieren keine Vorschriften, unter welchen Bedingungen das wirtschaftliche Eigentum dem Leasingnehmer oder dem -geber zuzurechnen ist. In der Praxis werden daher in aller Regel die steuerlichen Leasingerlasse zuhilfe genommen.

Operate- und Finance-Leasingverträge

Zunächst müssen Sie die Vertragsinhalte, die der Nutzungsüberlassung zu Grunde liegen, untersuchen. Im Hinblick darauf können Sie zwischen *Operate-* und *Finance-*Leasingverträgen unterscheiden:

• **Operate-Leasingverträge** besitzen keine feste unkündbare Grundmietzeit. Meist werden Gebrauchsgüter nur verhältnismäßig kurz überlassen; das Leasingverhältnis trägt die Züge typischer Mietverträge. Dabei trägt der *Leasinggeber* die Gefahr des zufälligen Untergangs des Leasingobjekts, das Investitionsrisiko

87

und demzufolge auch das wirtschaftliche Risiko. Insofern muss er den Leasinggegenstand in seiner Bilanz *aktivieren*.

- Bei **Finance-Leasingverträgen** überlässt der Leasinggeber dem Leasingnehmer das Leasingobjekt für eine bestimmte unkündbare Grundmietzeit. Derartige Verträge lassen sich weiter unterteilen in Vollamortisations- und Teilamortisationsverträge:
  - Vollamortisationsverträge sind dadurch gekennzeichnet, dass die während der Grundmietzeit zu leistenden Leasingraten mindestens die Anschaffungs- oder Herstellungskosten und sämtliche Nebenkosten einschließlich der Finanzierungskosten des Leasinggebers decken.
  - Bei **Teilamortisationsverträgen** sind dagegen am Ende der Grundmietzeit die Kosten des Leasinggebers noch nicht voll, sondern nur zum Teil gedeckt.

Im Folgenden wird die Zurechnung eines Leasingobjektes bei Vollamortisationsverträgen betrachtet. Sie richtet sich grundsätzlich nach drei Kriterien:

Kriterium 1: Verhältnis von Grundmietzeit und Nutzungsdauer des Vermögensgegenstands

- Ist die Grundmietzeit relativ gering, wird wirtschaftlich von einem *verdeckten Ratenkauf* ausgegangen. Die Begründung hierfür lautet, dass alle Kosten des Leasinggebers innerhalb einer kurzen Zeit gedeckt werden. Der *Leasingnehmer* hat den Gegenstand in seiner Bilanz anzusetzen.
- Umfasst die unkündbare Grundmietzeit demgegenüber den wesentlichen Teil der Nutzungsdauer des Vermögensgegenstands, so wird der Leasinggeber von einer Nutzung darüber hinaus im Wesentlichen ausgeschlossen. Auch hier liegt dann das wirtschaftliche Eigentum beim *Leasingnehmer*.

Konkret unterscheidet das Steuerrecht in diesem Zusammenhang, ob die Grundmietzeit unter 40 % bzw. über 90 % der betriebsgewöhnlichen Nutzungsdauer laut AfA-Tabelle liegt. Beträgt die Grundmietzeit zwischen 40 % und 90 % der Nutzungsdauer, wird das Leasingobjekt dem *Leasinggeber* zugerechnet. Dies ist in Deutschland üblich.

Kriterium 2: Kauf- oder Mietverlängerungsoption (am Ende der Grundmietzeit)

Bei derartigen Optionen müssen Sie prüfen, ob die Option einen wirtschaftlichen Vorteil für den Leasingnehmer darstellt. In diesem Fall ist anzunehmen, dass der Leasingnehmer die Option auch ausüben wird. Er ist dann als wirtschaftlicher Eigentümer zu betrachten und muss den Leasinggegenstand aktivieren.

- Bei einer Kaufoption besteht ein wirtschaftlicher Vorteil für den Leasingnehmer, falls der vereinbarte Kaufpreis niedriger als der Restbuchwert zu diesem Zeitpunkt ist.
- Liegt eine Mietverlängerungsoption vor, hat der Leasingnehmer dann einen wirtschaftlichen Vorteil, wenn die Anschlussmiete niedriger ist als der Werteverzehr. Der Werteverzehr ergibt sich aus der linearen AfA.

Kriterium 3: Zuschnitt des Leasinggegenstands auf spezielle Verhältnisse

Wird ein Leasinggegenstand so stark auf die individuellen Bedürfnisse des Leasingnehmers zugeschnitten, dass er bei anderen Unternehmen kaum einzusetzen ist (*Spezialleasing*), müssen Sie den Leasinggegenstand bilanziell stets dem Leasingnehmer zuordnen.

Spezialleasing

Bezieht sich der Leasingvertrag auf Grund und Boden, verbleibt das wirtschaftliche Eigentum regelmäßig beim Leasinggeber. Eine Ausnahme kann sich ergeben, wenn eine Kaufoption vorliegt.

Die Zuordnung von Leasinggegenständen bei Vollamortisationsverträgen ergibt sich aus der folgenden Übersicht:

Übersicht: Zuordnung bei Vollamortisationsverträgen

Ausgestaltung des Leasingverhältnisses		Bewegliche Leasinggegenstände und Gebäude		Grund und Boden
		GMZ zwischen 40 % und 90 % der ND	GMZ < 40 % oder > 90 % der ND	
Ohne Optionsrechte		Leasingeber	Leasingnehmer	Leasinggeber
Kaufoption	Kaufpreis < Restbuchwert	Leasingnehmer	Leasingnehmer	Analog zu Gebäuden
	Kaufpreis ≥ Restbuchwert	Leasingeber		

Mietverlänge- rungsoption	Anschluss- leasingrate < Werteverzehr	Leasingnehmer	Leasingnehmer	Leasing- geber
	Anschluss- leasingrate ≥ Werteverzehr	Leasingeber		
Spezialleasing	Leasingnehmer	Leasingnehmer	Leasing- geber	

Die Zuordnung von Vermögensgegenständen bei Teilamortisations-verträgen im Rahmen des Finanzierungsleasings richtet sich danach, welche Vertragspartei das Risiko der Wertminderung bzw. die Chance der Wertsteigerung trägt. Dies zeigt die folgende Übersicht:

Übersicht: Zuordnung bei Teilamortisationsverträgen

Andienungsrecht des Leasinggebers, d. h., der Leasing-geber kann verlangen, dass der Leasingneh-mer den Gegen-stand zu einem vereinbarten Preis kauft	Aufteilung einer Abschlusszahlung oder eines Mehrlöses nach vereinbarter Veräußerung des Leasinggegenstands		Frühestens nach 40 % der Nut-zungsdauer kündbarer Lea-singvertrag mit Abschlusszahlung des Leasingneh-mers für den noch nicht amortisier-ten Restwert des Leasinggebers
	Verkaufserlös geht zu mindestens 25 % an Leasinggeber	Verkaufserlös geht zu weniger als 25 % an Leasinggeber	
Leasinggeber	Leasinggeber	Leasingnehmer	Leasinggeber

Ausweis in der Bilanz
Nachdem feststeht, welche Vertragspartei das Leasingobjekt ansetzen muss, verbleiben die Fragen, wo der Gegenstand bilanziell auszuwei-sen ist und wie er bewertet werden muss.

Ausweis beim
Leasingnehmer
Im Falle einer **Aktivierung des Leasingobjekts beim Leasingnehmer** ist ein Ausweis unter den einzelnen Posten des Anlagevermögens oder als gesonderter Sammelposten (z. B. zwischen Anlage- und Umlauf-vermögen) möglich. Die anzusetzenden Anschaffungskosten bemes-sen sich nach dem *Barwert der künftigen Leasingzahlungen* zuzüglich anfallender Anschaffungsnebenkosten und abzüglich etwaiger An-schaffungskostenminderungen. Wenn es sich bei dem Leasingobjekt um einen abnutzbaren Vermögensgegenstand handelt, ist dieser über die Nutzungsdauer abzuschreiben.

Auf der Passivseite buchen Sie grundsätzlich eine Verbindlichkeit in Höhe des aktivierten Betrags, jedoch ohne spezifische Anschaffungsnebenkosten des Leasingnehmers.

Achtung:
Wird der Leasinggegenstand dem Leasingnehmer zugerechnet, ergibt sich ein Bilanzbild wie bei einem Erwerb, der durch Fremdkapital finanziert wird. Die Eigenkapitalquote sinkt im Vergleich zur „herkömmlichen" Leasingfinanzierung. Als Leasingnehmer werden Sie daher regelmäßig versuchen, den Vertrag so zu gestalten, dass der Leasinggeber den Vermögensgegenstand aktivieren muss.

Die geleisteten Leasingraten werden in einen Tilgungs-, Zins- und Kostenanteil aufgeteilt. Den Tilgungsanteil verrechnen Sie erfolgsneutral mit der Verbindlichkeit. Zins- und Kostenanteil erfassen Sie dagegen erfolgswirksam in der Gewinn-und-Verlust-Rechnung. Die offenen Leasingverpflichtungen sind im Anhang unter dem Gesamtbetrag der sonstigen finanziellen Verpflichtungen anzugeben (§ 285 Nr. 3 HGB).

Spiegelbildlich aktiviert der Leasinggeber in diesem Fall eine Forderung in Höhe des Barwerts der Leasingraten, die ebenfalls zeitanteilig (erfolgsneutral) mit dem Tilgungsanteil verrechnet wird. Zins- und Kostenanteile werden erfolgswirksam als Ertrag gebucht.

Bei **Aktivierung des Leasingobjekts beim Leasinggeber** muss dieser den Vermögensgegenstand einem der oben aufgeführten Posten des Anlagevermögens gemäß § 266 Abs. 2 HGB zuordnen oder ihn in einem gesonderten Posten abbilden. Die Aktivierung erfolgt mit den Anschaffungs- oder Herstellungskosten. Das Leasingobjekt ist über die Nutzungsdauer abzuschreiben.

Ausweis beim Leasinggeber

Die Leasingraten sind vom Leasinggeber erfolgswirksam zu vereinnahmen, soweit sie periodengerecht, d. h. in der Periode, der sie wirtschaftlich zuzurechnen sind, gezahlt werden.

Beispiel: Leasing
Die Stick AG hat von der European Leasing GmbH ab dem 01.01.01 eine Maschine geleast, die auf ihre besonderen Bedürfnisse zugeschnitten wurde. Nutzungsdauer und Leasingzeitraum betragen jeweils drei Jahre. Bei der Berechnung der Leasingraten in Höhe von jährlich 100.000 € hat die European Leasing GmbH die Anschaffungs-

kosten sowie einen Zins in Höhe von 12 % zu Grunde gelegt. Wie ist die Maschine bei der Stick AG zu bilanzieren?

Da es sich um eine Spezialmaschine handelt, muss die Stick AG die Maschine aktivieren. Die Anschaffungskosten betragen 240.183,13 € (= Barwert der zukünftigen Leasingzahlungen).

Anschaffungskosten:

$$100.000\ € \times 1{,}12^{-1} + 100.000\ € \times 1{,}12^{-2} + 100.000\ € \times 1{,}12^{-3}$$
$$= 240.183{,}13\ €$$

In gleicher Höhe erfasst die Stick AG eine Verbindlichkeit. Sie muss die Maschine über die Nutzungsdauer abschreiben. Des Weiteren muss sie die Leasingraten in einen Tilgungs- und Zinsanteil aufspalten.

Leasingraten: 3 x 100.000 €	300.000,00 €
– Anschaffungskosten	240.183,13 €
= Zinsanteil	**59.816,87 €**

Die Berechnung des jährlichen Zinsanteils kann sowohl nach der *Barwertvergleichsmethode* als auch nach der *Zinsstaffelmethode*, die eine Vereinfachung darstellt, erfolgen.

Bei der **Barwertvergleichsmethode** wird die Verbindlichkeit mit dem Barwert der noch ausstehenden Leasingraten bewertet.

01.01.01: $100.000\ € \times 1{,}12^{-1} + 100.000\ € \times 1{,}12^{-2} + 100.000\ € \times 1{,}12^{-3}$
$= 240.183\ €$

01.01.02: $100.000\ € \times 1{,}12^{-1} + 100.000\ € \times 1{,}12^{-2} = 169.005\ €$

01.01.03: $100.000\ € \times 1{,}12^{-1} = 89.296\ €$

Der Zinsaufwand der Periode ergibt sich aus der Multiplikation der noch ausstehenden Verbindlichkeit mit dem internen Zinssatz (12 %). Der Tilgungsanteil kann auf zwei Arten berechnet werden: Entweder als Differenz aus der Veränderung der Barwerte oder als Differenz zwischen Leasingrate und Zinsanteil.

Stichtag	Leasingrate	Zinsanteil	Tilgungsanteil	Verbindlichkeit
				240.183
31.12.01	100.000	28.822	71.178	169.005
31.12.02	100.000	20.281	79.719	89.286
31.12.03	100.000	10.714	89.286	0
Summe	**300.000**	**59.817**	**240.183**	

Die Buchungen im Jahresabschluss des Leasingnehmers (Stick AG) für das Jahr 01 lauten:

Maschine	240.183	an	Verbindlichkeiten	240.183
Zinsaufwand	28.822	an	Bank	100.000
Verbindlichkeiten	71.178			

Der Leasinggeber aktiviert spiegelbildlich eine Forderung und vereinnahmt den Zinsanteil erfolgswirksam:

Forderung	240.183	an	Maschine	240.183
Bank	100.000	an	Zinsertrag	28.822
			Forderungen	71.178

Bei der **Zinsstaffelmethode** wird der gesamte Zinsanteil in Höhe von 59.817 € so verteilt, dass der Anteil in jeder Periode um einen konstanten Betrag fällt. Der Zinsanteil beträgt somit:

Jahr 01:	3/6 x 59.817 €	= 29.908 €
Jahr 02:	2/6 x 59.817 €	= 19.939 €
Jahr 03:	1/6 x 59.817 €	= 9.970 €

Der Tilgungsanteil ergibt sich anschließend als Differenz zwischen der Leasingrate und dem so ermittelten Zinsanteil:

Stichtag	Leasingrate	Zinsanteil	Tilgungsanteil	Verbindlichkeit
				240.183
31.12.01	100.000	29.908	70.092	170.091
31.12.02	100.000	19.939	80.061	90.030
31.12.03	100.000	9.970	90.030	0
Summe	**300.000**	**59.817**	**240.183**	

5.3 Bilanzierung des Umlaufvermögens

5.3.1 Wodurch unterscheiden sich Anlage- und Umlaufvermögen?

Der Gesetzgeber definiert den Begriff des Umlaufvermögens zwar nicht. Allerdings lässt sich dieser im Umkehrschluss aus der Definition des Anlagevermögens ableiten:

Definition

> **Umlaufvermögen**
>
> Zum Umlaufvermögen gehören alle Vermögensgegenstände, die nicht dazu bestimmt sind, dem Geschäftsbetrieb auf Dauer zu dienen (§ 247 Abs. 2 HGB).

Das Umlaufvermögen ist in vier Kategorien zu unterteilen:
1. Vorräte
2. Forderungen und sonstige Vermögensgegenstände
3. Wertpapiere
4. Kassenbestand, Bundesbankguthaben, Guthaben bei Kreditinstituten und Schecks

5.3.2 Bilanzierung der Vorräte

Ausweis in der Bilanz

Die Vorräte sind nach § 266 Abs. 2 HGB in vier Posten zu untergliedern:
1. Roh-, Hilfs- und Betriebsstoffe
2. Unfertige Erzeugnisse, unfertige Leistungen
3. Fertige Erzeugnisse und Waren
4. Geleistete Anzahlungen

Unter Roh-, Hilfs- und Betriebsstoffe werden fremdbezogene Stoffe verstanden, die noch nicht verarbeitet oder verbraucht worden sind. **Rohstoffe** gehen als wesentlicher Bestandteil in die fertigen oder unfertigen Erzeugnisse ein. **Hilfsstoffe** gehen ebenfalls in die Produkte mit ein, sie sind jedoch nur von untergeordneter Bedeutung (z. B. Schrauben bei der Möbelproduktion). **Betriebsstoffe** werden dagegen kein Bestandteil der Erzeugnisse, sie werden bei der Produktion verbraucht (z. B. Brennstoffe).

Zu den **unfertigen Erzeugnissen** gehören Vermögensgegenstände, die sich bereits im Prozess der Be- oder Verarbeitung befinden, allerdings noch nicht verkaufsfertig sind. Als **unfertige Leistungen** werden dementsprechend Dienstleistungen in Arbeit bezeichnet. **Fertige Erzeugnisse** bezeichnen schließlich Produkte, die verkaufsfertig sind.

> **Achtung:**
> Leistungen, die vollständig erbracht worden sind („fertige Leistungen"), sind unter den Forderungen auszuweisen und nicht unter einem Posten wie z. B. *fertige Dienstleistungen.*

Bei **Waren** handelt es sich um Handelsartikel des Bilanzierenden sowie Zubehör zu den Fertigprodukten, die ohne nennenswerte Be- und Verarbeitung weiterverkauft werden sollen.

Unter den **geleisteten Anzahlungen** werden alle Vorleistungen auf bestellte Roh-, Hilfs- und Betriebsstoffen ausgewiesen.

Erhaltene Anzahlungen auf Bestellungen

Erhaltene Anzahlungen auf Bestellungen (von Kunden) sind als Verbindlichkeiten des Bilanzierenden anzusehen und damit grundsätzlich auf der Passivseite unter dem Fremdkapital auszuweisen. Der Gesetzgeber lässt jedoch alternativ zu, diese Beträge offen von den Vorräten, d. h. von der Summe ihrer Einzelposten, abzusetzen (§ 268 Abs. 5 HGB). Soweit der Gesamtbetrag der Vorräte dadurch negativ würde, ist eine Absetzung nicht mehr zulässig. Durch eine solche Absetzung sinken sowohl die Bilanzsumme als auch das Fremdkapital. Ein Unternehmen kann auf diese Weise folglich seine Eigenkapitalquote steigern.

> **Achtung:**
> Die offene Absetzung und die hiermit verbundene Verringerung der Bilanzsumme kann dazu führen, dass das Unternehmen in eine andere Größenklasse gerät und auf diese Weise Erleichterungen bei der Aufstellung des Jahresabschlusses in Anspruch nehmen kann (§ 267 HGB).

Bewertung der Vorräte

Auch bei den Vorräten werden als Zugangswert die Anschaffungs- oder Herstellungskosten zu Grunde gelegt. Grundsätzlich ist dabei jeder Vermögensgegenstand einzeln zu bewerten. Allerdings lässt das Gesetz bestimmte Abweichungen vom Grundsatz der Einzelbewertung als Bewertungsvereinfachungen zu.

Anschaffungs- oder Herstellungskosten

Bewertungsvereinfachungen

Sie haben die Durchschnittsmethode, die Gruppen- sowie die Festbewertung bereits im Zusammenhang mit der Bewertung des Anlagevermögens kennen gelernt (vgl. Kapitel 5.2.2, S. 79 ff.). Diese Methoden sind für Zwecke der Bewertung der Vorräte ebenfalls anwendbar. Daneben können Sie bei der Bewertung des Vorratsvermögens auf folgende weitere Verfahren zurückgreifen:

• Verbrauchsfolgeverfahren
• Retrograde Methode

Verbrauchsfolgeverfahren

Bei der Ermittlung des Wertansatzes von *gleichartigen Vorratsgütern* können Sie eine bestimmte Reihenfolge der Anschaffung bzw. Herstellung oder der Veräußerung bzw. des Verbrauchs unterstellen. Als gleichartig gelten Gegenstände, die entweder einer gleichen Warengattung angehören (z. B. Tische bestimmter Formen) oder zumindest den gleichen Verwendungszweck haben (z. B. Nägel). Die Verfahren müssen darüber hinaus GoB-konform sein. Das bedeutet nicht, dass sie mit der tatsächlichen Verbrauchs- oder Veräußerungsfolge übereinstimmen müssen. Sie dürfen nur nicht, wie z. B. bei der Anwendung des Lifo-Verfahrens bei leicht verderblichen Waren, im krassen Widerspruch zum wirklichen betrieblichen Geschehensablauf stehen.

Die folgenden drei Verfahren kommen vor allem in Betracht:

LIFO

1. **Lifo-Verfahren** (*last in – first out*)

   Beim Lifo-Verfahren wird unterstellt, dass die zuletzt erfolgten Zugänge zuerst wieder verbraucht bzw. veräußert werden. Der Endbestand setzt sich aus dem historischen Anfangsbestand und den frühesten Zugängen des Geschäftsjahrs zusammen. Der Bestand wird demzufolge zu historischen Preisen bewertet, während die Abgänge mit gegenwartsnahen Preisen als Aufwand erfasst werden. Wenn also die Preise im Zeitablauf steigen, steigt im Vergleich zur Durchschnittsmethode auch der Aufwand, wodurch der Jahreserfolg sinkt, und es werden stille Reserven gelegt. Mit anderen Worten: Der Zeitwert der Vorräte ist höher als der bilanziell ausgewiesene Buchwert.

Das Lifo-Verfahren ist als einziges Verbrauchsfolgeverfahren steuerlich zulässig (§ 6 Abs. 1 Nr. 2a EStG). Die anderen Verfahren sind daher in der Praxis wenig verbreitet.

Beispiel: Lifo-Verfahren

Ermitteln Sie den Materialverbrauch und den Endbestand anhand der folgenden Ausgangsdaten für einen Rohstoff:

Bestandskomponente	Menge (Stück)	Preis je Stück (€)	Wert (€)
Anfangsbestand	100	10	1.000
Zugang 1	+ 40	12	+ 480
Abgang 1	– 20	?	?
Zugang 2	+ 10	13	+ 130
Abgang 2	– 60	?	?
Endbestand	70		?

Die Abgänge und der Endbestand ergeben sich wie folgt:

Abgang 1:	20 Stück x 12 €/Stück =	240 €
Abgang 2:	10 Stück x 13 €/Stück +	
	20 Stück x 12 €/Stück +	
	30 Stück x 10 €/Stück =	670 €
Endbestand:	1.000 € + 480 € – 240 € +	
	130 € – 670 € =	700 €

2. **Fifo-Verfahren** (*first in – first out*)   FIFO
   Das Fifo-Verfahren geht davon aus, dass die zuerst angeschafften oder hergestellten Vermögensgegenstände auch zuerst verbraucht bzw. veräußert werden. Der Endbestand wird folglich mit aktuellen Preisen bewertet, während der Verbrauch mit historischen Preisen erfasst wird.

3. **Hifo-Verfahren** (*highest in – first out*)   HIFO
   Das Hifo-Verfahren unterstellt, dass die zum höchsten Preis angeschafften Vermögensgegenstände zuerst veräußert bzw. verbraucht werden.

Retrograde Methode

Im Allgemeinen ermitteln Sie die Anschaffungs- oder Herstellungskosten von Vorräten entsprechend dem Ablauf des Leistungsprozesses. Vor allem bei der Bewertung in Handelsunternehmen wird   Retrograde Bewertung indes häufig die retrograde Bewertung angewandt, die die Anschaffungskosten, ausgehend vom Verkaufspreis, „rückwärts" berechnet. Dabei ergeben sich die Anschaffungskosten, indem vom voraussichtlichen Verkaufpreis die Rohgewinnspanne abgezogen wird. Die folgende Übersicht stellt die für das Vorratsvermögen infrage kommenden Bewertungsvereinfachungen im Überblick dar:

Übersicht: Bewertungsvereinfachungsverfahren für Vorräte

	Durch-schnitts-methode	Gruppen-bewertung	Fest-bewertung	Verbrauchs-folge-verfahren	Retrograde Methode
Rechts-grundlage	Ungeschrie-bene GoB	§ 256 Satz 2 i. V. m. § 240 Abs. 4 HGB	§ 256 Satz 2 i. V. m. § 240 Abs. 3 HGB	§ 256 Satz 1 HGB	Ungeschriebe-ne GoB
Anwendungs-bereich	Alle Vorratsgüter	Gleichartige Vorratsgüter	Roh-, Hilfs- und Betriebs-stoffe	Gleichartige Vorratsgüter	Handelswaren
Grundidee	Bewertung mit gewogenem Mittel aus Anfangs-bestand und Zugängen	Anwendung der Durch-schnitts-methode auf die genannten Vermögens-gruppen	Ansatz mit im Zeitablauf gleich bleibender Menge und gleich bleibendem Wert	Bewertung auf Basis einer unterstellten Verbrauchsrei-henfolge	Abzug der kalkulierten Gewinnspanne vom Verkaufs-preis
Varianten	Periodische/ gleitende Durchschnitts-methode	Periodische/ gleitende Durchschnitts-methode		Periodisches/ gleitendes (permanentes) Verfahren	

Folgebewertung

Bisher haben Sie mit den Anschaffungs- oder Herstellungskosten den Zugangswert der Vorräte kennen gelernt. Zu jedem Abschlussstichtag müssen Sie nun – wie im Anlagevermögen – überprüfen, ob Sie eine Abschreibung auf den Vorratsbestand vornehmen müssen oder dürfen. Dabei kommen **ausschließlich außerplanmäßige**, nicht jedoch planmäßige **Abschreibungen** in Betracht.

Strenges Niederstwert-prinzip

Für das Umlaufvermögen allgemein und die Vorräte im Besonderen gilt das so genannte *strenge Niederstwertprinzip*. Es fordert, dass Abschreibungen bei Vermögensgegenständen des Umlaufvermögens vorzunehmen sind, wenn deren Stichtagswert niedriger ist als der bisher angesetzte Wert. Ob es sich dabei um eine voraussichtlich vorübergehende oder dauernde Wertminderung handelt, spielt keine Rolle.

Den Stichtags- bzw. Vergleichswert müssen Sie, soweit möglich, aus einem *Börsen- oder Marktpreis* für die Vorräte ableiten. Liegt kein solcher vor, müssen Sie den so genannten *beizulegenden Wert* bestimmen (§ 253 Abs. 3 Satz 1 und 2 HGB).

Bei der Wert- bzw. Preisermittlung sind folgende Grundsätze zu beachten:

Sie müssen auf die Preise des *Beschaffungsmarkts* zurückgreifen, wenn es sich bei den zu bewertenden Vorräten um

Beschaffungsmarktverhältnisse

- Roh-, Hilfs- oder Betriebsstoffe oder aber um
- fremdbeziehbare unfertige oder fertige Erzeugnisse

handelt. Ausgangspunkt für die Bewertung sind die Wiederbeschaffungs- oder Wiederherstellungskosten der Vorräte.

Im Gegensatz dazu sind die Preise des *Absatzmarkts* maßgebend bei folgenden Vorratsarten:

Absatzmarktverhältnisse

- fertige Erzeugnisse
- unfertige Erzeugnisse und Leistungen
- Überbestände an Roh-, Hilfs- und Betriebsstoffen, da hier voraussichtlich ein Abverkauf erforderlich wird

Ausgangspunkt für die Bewertung ist der vorsichtig geschätzte Verkaufspreis.

Bei Handelswaren und Überbeständen an fertigen und unfertigen Erzeugnissen sind die Preise von *Beschaffungs- und Absatzmarkt* zu vergleichen. Der niedrigere der beiden Preise ist dann maßgebend.

Doppelte Maßgeblichkeit

Bei der Ermittlung des Stichtagswerts sind Zu- und Abschläge, die üblicherweise mit der Anschaffung oder Herstellung bzw. dem Verkauf der betreffenden Vorräte verbunden sind (z. B. Anschaffungsnebenkosten oder Veräußerungskosten), entsprechend zu berücksichtigen.

Kann ein Börsen- oder Marktpreis nicht festgestellt werden, ist der Buchwert mit dem beizulegenden Wert zu vergleichen. Je nachdem, welche Marktseite relevant ist und welche Vorratsart vorliegt, ergeben sich die folgenden Ausprägungen:

Beschaffungsmarktorientierte Bewertung

Bei der beschaffungsmarktorientierten Bewertung können die *Wiederbeschaffungskosten* maßgebend sein. Sie lassen sich wie folgt ermitteln:

> Wiederbeschaffungspreis
> \+ Wiederbeschaffungsnebenkosten
> – Wiederbeschaffungspreisminderungen
> – Gängigkeitsabschläge
> _____
> = **Wiederbeschaffungskosten**

Gängigkeitsabschläge tragen dabei der Veralterung der zu bewertenden Vorratsbestände z. B. aufgrund technischer Weiterentwicklungen Rechnung.

Daneben können bei einer beschaffungsmarktorientierten Bewertung die *Wiederherstellungskosten* heranzuziehen sein:

> Wiederherstellungseinzelkosten
> \+ Ggf. Wiederherstellungsgemeinkosten
> – Gängigkeitsabschläge
> _____
> = **Wiederherstellungskosten**

Absatzmarktorientierte Bewertung

Bei der absatzmarktorientierten Bewertung ziehen Sie alle bis zum Absatzzeitpunkt erwartungsgemäß noch anfallenden Aufwendungen vom vorsichtig geschätzten Verkaufspreis (abzüglich etwaiger Erlösschmälerungen) ab. Zu den zu berücksichtigenden Aufwendungen zählen z. B. noch anfallende Verpackungs-, Vertriebs- und Verwaltungskosten sowie bei unfertigen Erzeugnissen die noch anfallenden Produktionskosten. Wie bei der vereinfachten Ermittlung der Anschaffungskosten für Handelswaren gehen Sie dabei retrograd ("rückwärts") vor.

> Voraussichtlicher Verkaufserlös
> – Erlösschmälerungen
> – Noch anfallende Aufwendungen
> _____
> = **Beizulegender absatzmarktorientierter Wert**

Außerdem ist es möglich, den Zinsverlust zu berücksichtigen, wenn ein längerer Zeitraum zwischen Abschlussstichtag (Bewertungszeitpunkt) und dem voraussichtlichen Zahlungseingang liegt. Auch kann das Unternehmen einen kalkulatorischen Gewinn abziehen, soweit dies bei der steuerlichen Gewinnermittlung ebenfalls erfolgt ist. Der Abzug des kalkulatorischen Gewinns stellt in der Handelsbilanz in diesem Fall eine rein steuerrechtliche Abschreibung i. S. d. § 254 HGB dar.

Die absatzmarktorientierte Bewertung wird auch als *verlustfreie Bewertung* bezeichnet, da sie darauf gerichtet ist, Verluste, die bei der späteren Veräußerung der Vorräte drohen, schon im Geschäftsjahr ihrer Verursachung zu antizipieren. Die spätere Veräußerung zieht auf diese Weise keinen Verlust mehr nach sich, vorausgesetzt, Sie haben den Verkaufspreis und die noch anfallenden Kosten richtig eingeschätzt

Verlustfreie Bewertung

Tipp:

Sollte der beizulegende Wert, z. B. bei unfertigen Erzeugnissen, negativ werden, müssen Sie zunächst eine Abschreibung der Vorräte auf Null vornehmen. Ein darüber hinaus gehender Verlustbetrag ist als Rückstellung für drohende Verluste zu berücksichtigen.

Neben der zwingenden Abschreibung auf den niedrigeren beizulegenden Wert (bzw. den Wert, der sich aus dem Börsen- oder Marktpreis ergibt), haben Sie die Möglichkeit, im Vorratsvermögen folgende Abschreibungen vornehmen:

* Abschreibungen auf den so genannten niedrigeren Zukunftsschwankungswert (§ 253 Abs. 3 HGB)
* Abschreibungen nach vernünftiger kaufmännischer Beurteilung (§ 253 Abs. 4 HGB)
  Diese Abschreibung haben Sie bereits bei der Bewertung des Anlagevermögens kennen gelernt (vgl. Kapitel 5.2.2). Sie ist für Kapitalgesellschaften und voll haftungsbeschränkte Personenhandelsgesellschaften nicht zulässig.
* Steuerrechtliche Abschreibungen (§ 254 HGB)
  Ebenso wie im Anlagevermögen können auch im Umlaufvermögen rein steuerrechtliche Abschreibungen in der Handelsbilanz berücksichtigt werden (vgl. Kapitel 5.2.2).

Für Kapitalgesellschaften und voll haftungsbeschränkte Personenhandelsgesellschaften besteht wie im Anlagevermögen eine Zu-

Zuschreibungspflicht

schreibungspflicht, soweit die Gründe, die zu einer Abschreibung auf den niedrigeren Stichtagswert geführt haben, in einem späteren Geschäftsjahr wegfallen (§ 280 Abs. 1 HGB). Anderen Gesellschaften gewährt der Gesetzgeber ein Zuschreibungswahlrecht (§ 253 Abs. 5 HGB).

Die folgende Übersicht fasst die Bewertung der Vorräte nochmals zusammen:

Übersicht: Bewertung der Vorräte

	Kapitalgesellschaften und voll haftungsbeschränkte Personenhandels-gesellschaften	Nicht publizitäts-pflichtige Einzelkaufleute und Personenhandels-gesellschaften Unternehmen, die dem Publizitätsgesetz unterliegen
Vorratsvermögen		
Basiswert/ Wertobergrenze	Anschaffungs- oder Herstellungskosten (§ 253 Abs. 1 HGB)	
Abschreibungspflichten	Außerplanmäßige Abschreibungen auf den niedrigeren Stichtagswert (Börsen- oder Marktpreis oder beizulegender Wert) (§ 253 Abs. 3 Satz 1 und 2 HGB)	
Abschreibungswahlrechte	Abschreibungen zur Vorwegnahme von Wertschwankungen in der nächsten Zukunft (§ 253 Abs. 3 Satz 3 HGB)	
	Abschreibungen bei steuerlicher Abwertung und umgekehrter Maßgeblichkeit (§ 279 Abs. 2 HGB)	Abschreibungen bei steuerlicher Abwertung (§ 254 HGB) Abschreibungen im Rahmen vernünftiger kaufmännischer Beur-teilung (§ 253 Abs. 4 HGB)
Zuschreibungen	Zuschreibungspflicht (§ 280 Abs. 1 HGB)	Zuschreibungswahlrecht (§ 253 Abs. 5 HGB)

5.3.3 Bilanzierung der Forderungen und sonstigen Vermögensgegenstände

Ausweis in der Bilanz

Nach § 266 Abs. 2 HGB sind die Forderungen und sonstigen Vermögensgegenstände wie folgt zu untergliedern:
1. Forderungen aus Lieferungen und Leistungen
2. Forderungen gegen verbundene Unternehmen
3. Forderungen gegen Unternehmen, mit denen ein Beteiligungsverhältnis besteht
4. Sonstige Vermögensgegenstände

Unter den **Forderungen aus Lieferungen und Leistungen** sind solche Ansprüche zu aktivieren, bei denen der Bilanzierende seine Liefer- oder Leistungsverpflichtung erbracht hat, während die Gegenleistung des Vertragspartners dagegen noch aussteht.

Achtung:
Mit der Aktivierung der Forderung wird der Erfolg aus dem Absatzgeschäft realisiert. Solange das Unternehmen nicht das seine zur Erfüllung der ihm auferlegten Pflichten getan hat, d. h. das Sachgut geliefert bzw. die Dienstleistung erbracht hat, darf keine Forderung bilanziert werden. Stattdessen ist die Leistung oder das Erzeugnis unter der entsprechenden Vorratskategorie auszuweisen.
Bei Lieferungen mit Rückgaberecht erfolgt eine Gewinnrealisation im Allgemeinen erst bei Wegfall des Rückgabeanspruchs.

Unter den **Forderungen gegen verbundene Unternehmen** und den **Forderungen gegen Unternehmen, mit denen ein Beteiligungsverhältnis besteht,** haben Sie sämtliche Forderungen, die gegenüber den genannten Unternehmen bestehen, zu erfassen, auch wenn es sich der Art nach um Forderungen aus Lieferungen und Leistungen handelt. Sie nehmen dabei die gleiche Unterscheidung wie im Anlagevermögen bei den Anteilen an verbundenen Unternehmen und den Beteiligungen vor (vgl. hierzu Kapitel 5.2.1).

Bei den **sonstigen Vermögensgegenständen** handelt es sich um einen Sammelposten, der solche Vermögensgegenstände aufnimmt, die sich keinem anderen Posten des Umlaufvermögens zuordnen lassen. Dazu gehören z. B. Steuererstattungsansprüche, Gehaltsvorschüsse und Darlehen an Mitarbeiter sowie Schadensersatzansprüche. Bei GmbH und voll haftungsbeschränkten Personenhandelsgesellschaften sind Forderungen gegen Gesellschafter entweder in der Bilanz gesondert auszuweisen oder im Anhang zu nennen (§ 42 Abs. 3 GmbHG, § 264c HGB).

Bewertung der Forderungen und sonstigen Vermögensgegenstände

Forderungen werden in der Regel mit ihrem Nominalbetrag angesetzt. Der Forderungsbetrag erfasst dabei auch die im Rechnungsbetrag enthaltene Umsatzsteuer. In gleicher Höhe wird die Umsatzsteuerschuld gegenüber den Finanzbehörden unter den Verbindlichkeiten erfasst.

Für die Folgebewertung gelten die allgemeinen Regeln, die Sie schon im Rahmen der Vorratsbewertung kennen gelernt haben (vgl. Kapitel 5.3.2). Grundsätzlich sind damit folgende Abschreibungen vorgesehen:

- Abschreibungen auf den niedrigeren beizulegenden Wert (§ 253 Abs. 3 Satz 1 und 2 HGB)
- Abschreibungen zur Vorwegnahme von Wertschwankungen in der nächsten Zukunft (§ 253 Abs. 3 Satz 3 HGB)
- Abschreibungen nach vernünftiger kaufmännischer Beurteilung (nicht für Kapitalgesellschaften und voll haftungsbeschränkte Personenhandelsgesellschaften; §§ 253 Abs. 4, 279 Abs. 1 HGB)
- Steuerrechtliche Abschreibungen (§ 254 HGB)

In Bezug auf die Forderungsbewertung sind jedoch folgende Besonderheiten zu berücksichtigen.

Uneinbringliche Forderungen, etwa bei Insolvenz des Schuldners, sind vollständig abzuschreiben. Zweifelhafte Forderungen sind mit dem Betrag anzusetzen, der wahrscheinlich eingehen wird. Nach Vornahme dieser *Einzelwertberichtigungen* wird für das allgemeine Kreditrisiko üblicherweise eine so genannte *pauschale Wertberichtigung* vorgenommen. Bezugsgröße ist der gesamte Forderungsbestand abzüglich der als uneinbringlich und zweifelhaft eingestuften Forderungen, die bereits einzelwertberichtigt wurden. Einzel- und Pauschalwertberichtigungen werden auf die Nettoforderungen gebildet.

Beispiel: Wertberichtigungen auf Forderungen

Die Inventur des Geschäftsjahrs 2006 hat einen Forderungsbestand in Höhe von 580.000 € inkl. Umsatzsteuer in Höhe von 16 % ermittelt. In diesem Betrag sind folgende Forderungen enthalten:

Forderungen, die bis zur Aufstellung des Jahresabschlusses beglichen waren	232.000 €
Unstrittig uneinbringliche Forderungen	58.000 €
Zweifelhafte Forderungen (Zugang mit maximal 60 %)	116.000 €

Des Weiteren soll aufgrund der Erfahrungen der Vergangenheit eine Pauschalwertberichtigung in Höhe von 1 % gebildet werden.

Die **einwandfreien Forderungen** sind in voller Höhe zu aktivieren. Die uneinbringlichen Forderungen werden dagegen vollständig abgeschrieben, wobei auch die Umsatzsteuer (8.000 €) korrigiert wird.

Für die **zweifelhaften Forderungen** ermitteln Sie zunächst den Nettobetrag, da die Umsatzsteuer erst berichtigt werden darf, sobald die Forderungen uneinbringlich geworden sind. Die Einzelwertberichtigung auf die zweifelhaften Forderungen beträgt damit 40.000 € (= 116.000 / 1,16 x 40 %).

Die Forderungen, die noch nicht einzelwertberichtigt wurden, dürfen in Höhe von 1 % *pauschal berichtigt* werden: 174.000 € (= 580.000 € – 232.000 € – 58.000 € – 116.000 €). Auch hier ist der Nettobetrag zu Grunde zu legen. Die Pauschalwertberichtigung beträgt damit: 1.500 € (= 174.000 € / 1,16 x 0,01).

Die Buchung der ermittelten Wertberichtigungsbeträge lautet wie folgt:

Sonstige betriebliche Aufwendungen	46.500	an	Forderungen aus Lieferungen und Leistungen	54.500
Umsatzsteuer	8.000			

Unverzinsliche oder niedrig verzinsliche Forderungen setzen Sie mit dem Barwert an, d. h. Sie zinsen diese mit einem fristadäquaten und angemessenen Zinssatz ab. Es wird somit davon ausgegangen, dass un- bzw. niedrigverzinsliche Forderungen einen verdeckten Zinsanteil enthalten und bei einem vergleichbaren Bargeschäft ein höherer Kaufpreis bezahlt worden wäre. Der Zinsanteil stellt ein Entgelt für ein Kreditgeschäft dar. Dieser wird während der Laufzeit der Forderung durch Aufzinsung des Barwerts realisiert.

> **Beispiel: Unverzinsliche Forderungen**
>
> Die Edel AG verkauft am 31.12.02 aus ihrem Anlagevermögen Maschinen (Verkaufspreis 200.000 €). Der Kaufpreis wird erst am 31.12.04 fällig. Der fristadäquate Marktzins beträgt 5 %. Umsatzsteuer ist nicht zu berücksichtigen.
>
> In dem Kaufpreis ist ein verdeckter Zinsanteil in Höhe von 18.594 € enthalten. Der Barwert der Forderung beläuft sich zum 31.12.02 auf 181.406 € (= 200.000 € / $1,05^2$).
>
> **Buchung im Jahr 02**
>
> | | | | |
> |---|---|---|---|
> | Forderungen aus Lieferungen und Leistungen | an | Sonstige betriebliche Erträge | 181.406 |
>
> **Buchung im Jahr 03**
>
> | | | | |
> |---|---|---|---|
> | Forderungen aus Lieferungen und Leistungen | an | Zinserträge | 9.070 |
>
> **Buchung im Jahr 04**
>
> | | | | |
> |---|---|---|---|
> | Forderungen aus Lieferungen und Leistungen | an | Zinserträge | 9.524 |

Behandlung von Skonti

Die Behandlung von gewährten Skonti kann auf zwei Arten erfolgen:
1. Die Rechnung wird mit dem Bruttobetrag (Forderung ohne Abzug von Skonto) gebucht. Wird das Skonto später vom Kunden in Anspruch genommen, ist neben der Zahlung ein Zinsaufwand zur berücksichtigen.
2. Die Rechnung wird mit dem Nettobetrag (Forderung abzüglich Skonto) gebucht. Wird das Skonto später nicht vom Kunden in Anspruch genommen, entsteht ein Zinsertrag.

Forderungen in fremder Währung

Fremdwährungsforderungen werden mit dem Briefkurs (Euro als Basiseinheit) zum Zeitpunkt des Zugangs bewertet.

Liegt der Kurs zum Abschlussstichtag unter dem Zugangskurs, müssen Sie eine außerplanmäßige Abschreibung vornehmen (strenges Niederstwertprinzip).

Übersteigt der Kurs am Abschlussstichtag den Zugangskurs, so darf keine Aufwertung über die Anschaffungskosten der Forderung hinaus vorgenommen werden.

5.3.4 Bilanzierung der Wertpapiere und der flüssigen Mittel

Ausweis in der Bilanz

Unter den Wertpapieren sind nach § 266 Abs. 2 HGB die folgenden drei Posten gesondert auszuweisen:

* Anteile an verbundenen Unternehmen
* Eigene Anteile
* Sonstige Wertpapiere

Der Posten **Anteile an verbundenen Unternehmen** darf nur solche Anteile beinhalten, die nicht zum Finanzanlagevermögen gehören. Da es sich zudem um in Wertpapieren verbriefte Unternehmensanteile handeln muss, kommen für den Ausweis an dieser Stelle im Allgemeinen nur Aktien in Betracht.

Anteile an verbundenen Unternehmen

> **Achtung:**
> Andere Anteile an verbundenen Unternehmen, wie z. B. GmbH-Anteile, die dem Umlaufvermögen zuzurechnen sind, fallen unter die sonstigen Vermögensgegenstände.

Es ist dagegen allgemein anerkannt, alle Anteile, die ein Unternehmen an sich selbst hält, unter den eigenen Anteilen der Wertpapiere des Umlaufvermögens zu erfassen, selbst wenn die Anteile nicht in Wertpapieren verbrieft sind. Unter welchen Umständen Unternehmen eigene Anteile erwerben können, ergibt sich aus den § 71 AktG und § 33 GmbHG.

Anteile am eigenen Unternehmen

> **Achtung:**
> Unter bestimmten Umständen dürfen Sie eigene Anteile gar nicht aktivieren, sondern müssen Sie vom Eigenkapital absetzen (vgl. hierzu Kapitel 5.6.4).

Unter die sonstigen Wertpapiere fallen alle Wertpapiere, die jederzeit veräußerbar sind und keinem anderen Posten zugeordnet werden können.

Sonstige Wertpapiere

Unter flüssigen Mitteln sind Kassenbestände, Bundesbankguthaben, Guthaben bei Kreditinstituten und Schecks zu verstehen. Sie werden in einem Posten ausgewiesen.

Flüssige Mittel

Bewertung der Wertpapiere

Die Bewertung der Wertpapiere stimmt mit den Grundsätzen überein, die Sie für die Bewertung anderer Vermögensgegenstände des Umlaufvermögens schon kennen gelernt haben. Das bedeutet, Grundlage für die Bewertung von Wertpapieren des Umlaufvermögens sind die Anschaffungskosten. Abschreibungen sind nach den allgemeinen Grundsätzen für das Umlaufvermögen vorzunehmen (vgl. Kapitel 5.3). Als Abschreibungen kommen damit in Betracht:

• Abschreibungen auf den niedrigeren beizulegenden Wert (§ 253 Abs. 3 Satz 1 und 2 HGB)

• Abschreibungen zur Vorwegnahme von Wertschwankungen in der nächsten Zukunft (§ 253 Abs. 3 Satz 3 HGB)
Eine niedrigere Bewertung zur Berücksichtigung künftiger Kursschwankungen ist somit möglich.

• Abschreibungen nach vernünftiger kaufmännischer Beurteilung (nicht für Kapitalgesellschaften und voll haftungsbeschränkte Personenhandelsgesellschaften; §§ 253 Abs. 4, 279 Abs. 1 HGB)

• Steuerrechtliche Abschreibungen (§ 254 HGB)

Wertaufholung   Wurden in einer Vorperiode Abschreibungen aufgrund eines gesunkenen Zeitwerts vorgenommen und steigt dieser in der Folgezeit wieder an, so kann der Wert höchstens bis zu den Anschaffungskosten heraufgesetzt werden. Für Kapitalgesellschaften und voll haftungsbeschränkte Personenhandelsgesellschaften gilt dabei ein **Wertaufholungsgebot**, während für andere Unternehmen ein **Wertaufholungswahlrecht** besteht (vgl. Kapitel 5.2.2).

Kassenbestände bewerten Sie zu deren Nennwert. Ausländische Sorten werden zum Tageskurs des Abschlussstichtags umgerechnet. Für Guthaben bei Kreditinstituten sind die für Forderungen geltenden Bewertungsgrundsätze anzuwenden (vgl. Kapitel 5.3.3).

5.4 Bilanzierung der Rückstellungen

5.4.1 Wie müssen Sie Rückstellungen abgrenzen?

Neben dem Eigenkapital ist auf der Passivseite der Bilanz insbesondere das Fremdkapital (bzw. die Schulden), das dem Unternehmen typischerweise zeitlich befristet zur Verfügung gestellt wird, auszuweisen. Das Fremdkapital umfasst sowohl die Rückstellungen als auch die Verbindlichkeiten.

Die beiden Fremdkapitalarten sind entsprechend der Gewissheit der ihnen zu Grunde liegenden Verpflichtung dem Grunde und der Höhe nach abzugrenzen. Eine nach Grund und Höhe sichere Verpflichtung stellt eine **Verbindlichkeit** dar, eine nach Grund und/oder Höhe unsichere Verpflichtung eine **Rückstellung**.

Dabei sind unter den Rückstellungen neben den ungewissen Verpflichtungen *gegenüber Dritten* (so genannte Außenverpflichtungen) auch bestimmte Verpflichtungen des Kaufmanns *gegenüber sich selbst* ansatzpflichtig oder ansetzbar (so genannte Innenverpflichtungen). *(Marginalie: Außen- und Innenverpflichtungen)*

> **Achtung:**
> Verwechseln Sie Rückstellungen nicht mit Rücklagen. Letztere sind Bestandteil des Eigenkapitals. So stellen Gewinnrücklagen z. B. einen Teil der *Ergebnisverwendung* dar. Eine Einstellung oder Entnahme in die bzw. aus den Gewinnrücklagen zeigen Sie in der Gewinn-und-Verlust-Rechnung (erfolgsneutral) *nach* dem Posten Jahresüberschuss/Jahresfehlbetrag. Rückstellungen werden dagegen aufwandswirksam in der Gewinn-und-Verlust-Rechnung abgebildet und gehören folglich zum Bereich der *Ergebnisentstehung*. Die Aufwendungen werden *vor* dem Posten Jahresüberschuss in der Gewinn-und-Verlust-Rechnung erfasst.

Ausweis von Rückstellungen in der Bilanz

Nach § 266 Abs. 3 HGB sind folgende Rückstellungsposten in der Bilanz gesondert auszuweisen:
* Rückstellungen für Pensionen und ähnliche Verpflichtungen
* Steuerrückstellungen
* Sonstige Rückstellungen

In diese Gruppen sind folgende acht Pflicht- und Wahlrechtsrückstellungen einzuordnen, die der Gesetzgeber in § 249 HGB aufzählt.

Checkliste: Pflicht- und Wahlrechtsrückstellungen	✓
Pflichtrückstellungen	
1. Rückstellungen für ungewisse Verbindlichkeiten (einschließlich Pensionsrückstellungen für so genannte Neuzusagen)	
2. Rückstellungen für drohende Verluste aus schwebenden Geschäften	
3. Rückstellungen für im Geschäftsjahr unterlassene Aufwendungen für Instandhaltung, die im folgenden Geschäftsjahr innerhalb von drei Monaten nachgeholt werden	
4. Rückstellungen für im Geschäftsjahr unterlassene Aufwendungen für Abraumbeseitigung, die im folgenden Geschäftsjahr nachgeholt werden	
5. Rückstellungen für Gewährleistungen, die ohne rechtliche Verpflichtung erbracht werden	
Wahlrechtsrückstellungen	
1. Rückstellungen für im Geschäftsjahr unterlassene Aufwendungen für Instandhaltung, die im folgenden Geschäftsjahr nach Ablauf von drei Monaten, aber noch innerhalb des Geschäftsjahrs nachgeholt werden	
2. Rückstellungen für bestimmte, dem Geschäftsjahr oder einem frühren Geschäftsjahr zuzuordnende Aufwendungen	
3. Pensionsrückstellungen für so genannte Altzusagen, für mittelbare Pensionsverpflichtungen sowie für ähnliche unmittelbare oder mittelbare Verpflichtungen	

Für andere Zwecke, z. B. eine allgemeine Risikovorsorge, dürfen Rückstellungen nicht gebildet werden (§ 249 Abs. 3 HGB).

5.4.2 Rückstellungen für ungewisse Verbindlichkeiten

Rückstellungen für ungewisse Verbindlichkeiten zeichnen sich durch die folgenden zwei Merkmale aus:

1. Merkmal: Es handelt sich um eine Außenverpflichtung

Verbindlichkeitsrückstellungen stellen eine Verpflichtung gegenüber Dritten, eine Außenverpflichtung, dar. Diese kann sowohl rechtlicher als auch faktischer Natur sein:

Rechtliche oder faktische Verpflichtungen

- **Rechtliche Verpflichtungen** (bürgerlich- oder öffentlich-rechtliche Verpflichtungen) sind z. B.
  - Verpflichtungen aufgrund von Gewährleistungsverträgen,
  - ausstehende Urlaubsansprüche von Arbeitnehmern,
  - Prozessaufwendungen,
  - Verpflichtungen aus Pensionszusagen,
  - Haftpflichtansprüche von Dritten,
  - Beiträge zur Berufsgenossenschaft,
  - Steuerverpflichtungen,
  - Aufwendungen für den Umweltschutz.

- Neben den rechtlichen Verpflichtungen existieren wirtschaftliche bzw. **faktische Verpflichtungen.** Zwar kann in diesem Fall ein Dritter die betreffende Leistung des Unternehmens nicht rechtlich erzwingen, aber das Unternehmen sieht sich wegen faktischer Umstände dazu gezwungen. Unter diese Kategorie fallen z. B. branchenübliche, lediglich auf Kulanz beruhende Gewährleistungen.

2. Merkmal: Es handelt sich um eine ungewisse Verbindlichkeit

Es ist unsicher, ob die Verpflichtung überhaupt besteht und/oder in welchem Umfang sie zu einer Belastung des Unternehmens führen wird. Hierin liegt der entscheidende Unterschied zu den Verbindlichkeiten.

Verbindlichkeitsrückstellungen müssen Sie passivieren, wenn die Verpflichtung am Abschlussstichtag *wirtschaftlich verursacht* ist. Zudem muss die wirtschaftliche Belastung, die mit der Verpflichtung einhergeht, *hinreichend quantifizierbar* sein. Schließlich muss die *Inanspruchnahme* des Bilanzierenden aus der bestehenden Verpflichtung *wahrscheinlich* sein. Verpflichtungen sind somit nur dann zu passivieren, wenn mehr Gründe für die Inanspruchnahme sprechen als dagegen.

Ansatzkriterien

Achtung:

Unterscheiden Sie stets präzise zwischen der Wahrscheinlichkeit der *Inanspruchnahme* und der Wahrscheinlichkeit des *Entstehens* der Verpflichtung. Potenzielle Schadenersatzansprüche aus unerlaubten Handlungen gegen Ihr Unternehmen dürfen Sie z. B. nicht passivieren, solange der Geschädigte die Handlung nicht entdeckt hat und die Wahrscheinlichkeit der Inanspruchnahme deshalb sehr gering ist.

Je nach Art der Verpflichtung können Rückstellungen für ungewisse Verbindlichkeiten allen drei bilanziell zu unterscheidenden Rückstellungsarten zugeordnet werden (Rückstellungen für Pensionen und ähnliche Verpflichtungen, Steuerrückstellungen und sonstige Rückstellungen).

Bewertungsmaßstab

Rückstellungen sind stets mit dem nach vernünftiger kaufmännischer Beurteilung notwendigen Betrag zu bewerten (§ 253 Abs. 1 Satz 2 HGB). Es hat damit ein Ansatz des (geschätzten) *Erfüllungsbetrags* zu erfolgen. Eine Abzinsung langfristiger Rückstellungen ist nur dann möglich, wenn die Verpflichtung einen Zinsanteil enthält, d. h. bei sofortiger Begleichung ein geringerer Betrag bezahlt werden muss als bei einer Tilgung in der Zukunft.

Achtung:

Der Bewertungsmaßstab der vernünftigen kaufmännischen Beurteilung schließt auch den Grundsatz der Vorsicht mit ein. Auf diese Weise eröffnet sich dem Bilanzierenden ein relativ großer Ermessens- bzw. Schätzspielraum.

Die Ursachen, die zum Ansatz einer Verbindlichkeitsrückstellung führen können, sind vielfältig. Deswegen werden im Folgenden lediglich einige wesentliche Rückstellungen für ungewisse Verbindlichkeiten näher betrachtet.

Rückstellungen für Pensionen und ähnliche Verpflichtungen

Betriebliche Altersversorgung

Die betriebliche Altersversorgung spielt neben der gesetzlichen und privaten Rentenversicherung eine immer wichtigere Rolle. Eine betriebliche Altersversorgung liegt vor, wenn einem Arbeitnehmer Leistungen der Alters-, Invaliditäts- oder Hinterbliebenenversorgung aus Anlass seines Arbeitsverhältnisses vom Arbeitgeber zugesagt werden (§ 1 Abs. 1 BetrAVG).

Zur Durchführung der betrieblichen Altersversorgung stehen dem Arbeitgeber zwei Wege zur Verfügung:

1. Der Arbeitgeber kann die Leistungen zum einen selbst aus dem eigenen Unternehmensvermögen erbringen (**unmittelbare Durchführung**).

2. Zum anderen kann der Arbeitgeber einen rechtlich selbstständigen Versorgungsträger dazwischen schalten (**mittelbare Durchführung**). Dabei kommen Versicherungsgesellschaften (bei einer Direktversicherung), Unterstützungskassen, Pensionskassen oder Pensionsfonds als selbstständige Versorgungsträger in Betracht.

Bei **unmittelbaren Pensionsverpflichtungen** besteht eine *Passivierungspflicht* für so genannte Neuzusagen. Solche Zusagen liegen vor, wenn der Berechtigte seinen Rechtsanspruch nach dem 31.12.1986 erworben hat. Ein *Passivierungswahlrecht* besteht dagegen für

• unmittelbare Altzusagen bis zum 31.12.1986 und
• mittelbare Verpflichtungen (Art. 28 EGHGB).

Achtung:
Soweit eine Rückstellung nicht gebildet wird, muss der Fehlbetrag im Anhang genannt werden.

Eine **mittelbare Pensionsverpflichtung** ist dadurch charakterisiert, dass der Arbeitgeber für die Versorgungsleistung aufkommen muss, soweit die Mittel des externen Versorgungsträgers nicht ausreichen, um die zugesagten Versorgungsleistungen zu erbringen. Die *Unterdeckung* ergibt sich dabei in der Regel aus der Differenz zwischen dem Wert der Verpflichtung und dem Vermögen des Versorgungsträgers zu einem bestimmten Zeitpunkt. Ist die Unterdeckung auf ausstehende Beitragszahlungen zurückzuführen, ist im Allgemeinen keine Rückstellung, sondern eine Verbindlichkeit zu passivieren.

Mittelbare Pensionsverpflichtung

Bewertung von Pensionsverpflichtungen
Es stellt sich nunmehr die Frage, wie Pensionsverpflichtungen zu bewerten sind. Der Gesetzgeber macht insoweit keine konkreten Vorgaben. Er regelt nur, dass Pensionsverpflichtungen einzeln zu bewerten sind (§ 252 Abs. 1 Nr. 3 HGB) und dass die Rückstellungen mit dem Betrag anzusetzen sind, der nach vernünftiger kauf-

männischer Beurteilung erforderlich ist, um die künftigen Versorgungsleistungen erbringen zu können (§ 253 Abs. 1 HGB).

> **Achtung:**
> In diesem Zusammenhang ist zu beachten, dass der betrieblichen Altersversorgung eine Art Kreditverhältnis zwischen Arbeitgeber und -nehmer zu Grunde liegt. Während der Arbeitnehmer schon heute seine Arbeitsleistung erbringt, erfolgt die Leistung des Arbeitgebers in Form der Pensionszahlung erst später.

Barwert-
berechnung

Zum Abschlussstichtag berechnen Sie mittels Abzinsung den **Barwert** der zu erwartenden künftigen Pensionszahlungen. Das Ergebnis der Barwertberechnung hängt von verschiedenen Faktoren ab, insbesondere vom Umfang der Pensionszusage, von der Zahlungsdauer (bis zum Tod des Arbeitnehmers selbst oder eines Hinterbliebenen), von der Altergrenze, ab der Pensionszahlungen zu leisten sind, von der Frage, ob zusätzliche Leistungen für den Fall der Invalidität zu erbringen sind usw.

Die Berechnungsparameter für die Lebenserwartung und das Invaliditätsrisiko werden aus geeigneten Statistiken übernommen. Sie müssen auch überprüfen, ob Sie zukünftige Lohn-, Gehalts- und Rententrends berücksichtigen müssen oder dürfen. Ist die Leistung z. B. nach Eintritt des Versorgungsfalls an die jährlichen Entgelts- oder Rentenanpassungen der Arbeitnehmer gekoppelt, besteht de facto ein Wahlrecht, auch künftige Entwicklungen, die am Abschlussstichtag noch nicht rechtlich vereinbart sind, zu schätzen und zu erfassen.

Anschließend werden die geschätzten künftigen Verpflichtungen mit einem geeigneten Zinssatz auf den Bewertungszeitpunkt abgezinst. Der Zinssatz wird sich regelmäßig an Geldanlagen auf dem Kapitalmarkt mit ähnlicher Laufzeit orientieren. Steuerrechtlich ist ein Zinssatz in Höhe von 6 % verbindlich vorgeschrieben (§ 6a Abs. 3 EStG), der überwiegend auch in der Handelsbilanz Anwendung findet. Der Hauptfachausschuss des Instituts der Wirtschaftsprüfer hält eine Zinssatzbandbreite von 3 % bis 6 % für angemessen.

Verfahren
der Barwert-
berechnung

Bei bereits laufenden Pensionen berechnen Sie den Rentenbarwert und bei Anwartschaften (bei denen der Versorgungsfall noch nicht eingetreten ist) den Barwert der Anwartschaft. Zwei Verfahren stehen Ihnen hierfür zur Verfügung:

1. **Gleichverteilungsverfahren** (Anwartschaftsdeckungsverfahren)
   1. Bei diesem Verfahren bleibt der jährliche dienstzeitbezogene Aufwand konstant. Der Barwert der Versorgungsleistungen wird gleichmäßig auf die aktive Dienstzeit des Arbeitnehmers verteilt. Damit werden bereits geleistete und noch zu leistende Dienste in die Berechnung mit einbezogen.
2. **Ansammlungsverfahren** (Anwartschaftsbarwertverfahren)
   2. Diese Methode berücksichtigt bloß die bereits geleisteten Dienstjahre. Mit jedem Dienstjahr erarbeitet sich der Arbeitnehmer einen Teil des zukünftigen Anspruchs, der schließlich auf das jeweilige Jahr diskontiert wird.

Ferner können Sie die Verfahren danach unterscheiden, ab welchem Zeitpunkt Sie die Pensionsrückstellung „ansammeln":

- Die **Teilwertmethode** verteilt den Versorgungsanspruch auf den Zeitraum zwischen Diensteintritt und Eintritt des Versorgungsfalls.
- Die **Gegenwartswertmethode** spart dagegen die Rückstellungsbeträge erst ab dem Zeitpunkt der Pensionszusage an.

Beispiel: Pensionsrückstellungen

Bei Diensteintritt erteilt die Stick AG einem Arbeitnehmer eine Versorgungszusage. Der Mitarbeiter soll für jedes Dienstjahr 10.000 € an Pensionsleistung erhalten. Die Arbeitszeit bis zur Pensionierung beträgt noch fünf Jahre.

Ermitteln Sie den Wert der Rückstellung sowie die Zuführung zur Rückstellung gemäß dem Gleichverteilungs- und dem Ansammlungsverfahren. Legen Sie dabei einen Zinssatz von 6 % p. a. zu Grunde.

Beim Ansammlungsverfahren wird jährlich ein Betrag in Höhe des erworbenen Anspruchs in Höhe von 10.000 € zurückgestellt. Dieser Anspruch ist auf das jeweilige Dienstjahr abzuzinsen und stellt den Dienstzeitaufwand dar.

Jahr 1: $10.000\ € \times 1/1,06^4$ = 7.921 €
Jahr 2: $10.000\ € \times 1/1,06^3$ = 8.396 €
Jahr 3: $10.000\ € \times 1/1,06^2$ = 8.900 €
Jahr 4: $10.000\ € \times 1/1,06$ = 9.434 €
Jahr 5: $10.000\ € \times 1$ = 10.000 €

Die Rückstellung am Ende des Vorjahres wird des Weiteren jährlich verzinst. Der Zinsaufwand ergibt sich somit z. B. für das Jahr 2 wie folgt: 7.921 € x 0,06 = 475.

Ansammlungsverfahren

Jahr	Erarbeitete zukünftige Leistung	Dienstzeitaufwand	Zinsaufwand	Aufwand insgesamt	Rückstellung
1	10.000	7.921		7.921	7.921
2	10.000	8.396	475	8.871	16.792
3	10.000	8.900	1.008	9.908	26.700
4	10.000	9.434	1.602	11.036	37.736
5	10.000	10.000	2.264	12.264	50.000
∑	50.000	44.651	5.349	50.000	

Beim Gleichverteilungsverfahren wird mittels des Annuitätenfaktors die jährliche Annuität berechnet, die den Dienstzeitaufwand des betreffenden Jahres wiedergibt:

Annuität = 50.000 x 0,06 / (1,06^5 – 1) = 8.870 €

Wie beim Ansammlungsverfahren wird auch hier für jedes Jahr der Zinsaufwand auf Basis der Rückstellung am Ende des Vorjahres ermittelt.

Gleichverteilungsverfahren

Jahr	Annuität	Zinsaufwand	Aufwand insgesamt	Rückstellung
1	8.870		8.870	8.870
2	8.870	562	9.402	18.272
3	8.870	1.096	9.966	28.239
4	8.870	1.694	10.564	38.803
5	8.870	2.328	11.198	50.000
∑	44.350	5.651	50.000	

Ausweis in der GuV

Die Aufwendungen, die dem Unternehmen aus der Bildung der Pensionsrückstellung entstehen, sind in der *Gewinn-und-Verlust-Rechnung* zu erfassen. Wird die Gewinn-und-Verlust-Rechnung nach dem Gesamtkostenverfahren des § 275 Abs. 2 HGB aufgestellt, besteht folgendes Ausweiswahlrecht:

- Sie dürfen den für das Geschäftsjahr zu erfassenden Zuführungsbetrag zu den Pensionsrückstellungen vollständig unter dem Posten *Personalaufwand* ausweisen oder
- Sie spalten den Zuführungsbetrag zunächst in eine Nettoprämie und den Zinsaufwand auf: Der Zinsaufwand wird dann unter dem Posten *Zinsen und ähnliche Aufwendungen* und die Nettoprämie unter dem Posten *Personalaufwand* gezeigt.

Bei Aufstellung der Gewinn-und-Verlust-Rechnung nach dem Umsatzkostenverfahren (§ 275 Abs. 3 HGB) müssen Sie die Aufwendungen, die bei Anwendung des Gesamtkostenverfahrens als Personalaufwand erfasst werden, den entsprechenden Funktionsbereichen (Herstellung, Vertrieb und Verwaltung) zuordnen.

Rückstellungen für Gewährleistungen

Gewährleistungsrückstellungen sind für rechtliche und wirtschaftliche Verpflichtungen gegenüber Vertragspartnern zu bilden. Eine wirtschaftliche Verpflichtung liegt vor, soweit die verkauften Produkte über die Gewährleistungsfrist oder den rechtsverbindlich zugesagten Gewährleistungsrahmen hinaus Mängel aufweisen, deren Behebung sich der Bilanzierende aus wirtschaftlichen Gründen nicht entziehen kann (§ 249 Abs. 1 Satz 2 Nr. 2 HGB). *(Randspalte: Wirtschaftliche Verpflichtung)*

Der Art nach kann es sich bei den Verpflichtungen um kostenlose Nacharbeiten, Ersatzlieferungen, eine Rückgewährung nach Rücktritt vom Vertrag, Preisminderungen oder auch um Schadenersatzleistungen handeln.

Für alle bis zur Aufstellung des Jahresabschlusses bekannt gewordenen Gewährleistungsfälle hat der Bilanzierende *Einzelrückstellungen* anzusetzen. Der jeweilige Rückstellungsbetrag hängt dabei vom Gesamtbetrag ab, der voraussichtlich zur Erfüllung der Gewährleistungspflicht benötigt wird. In dessen Ermittlung sind Einzel- und angemessene Gemeinkosten mit einzubeziehen. *(Randspalte: Einzelrückstellung)*

Darüber hinaus müssen Sie eine *Pauschalrückstellung* bilden, wenn Sie aufgrund Ihrer Erfahrungen in der Vergangenheit mit einer Gewährleistungsinanspruchnahme rechnen müssen. Für Gewährleistungsfälle, die sich am Abschlussstichtag noch nicht konkret abgezeichnet haben, wird in Höhe eines *bestimmten Prozentsatzes des garantiebehafteten Umsatzes* eine Rückstellung gebildet. *(Randspalte: Pauschalrückstellung)*

Der Ausweis der angesetzten Gewährleistungsrückstellungen hat unter den *sonstigen Rückstellungen* zu erfolgen.

Urlaubsrückstellungen

Auch für die Verpflichtung des Arbeitgebers zur Gewährung des Resturlaubs im Folgejahr unter Fortzahlung des Arbeitslohns müssen Sie eine **sonstige Rückstellung** bilden. Damit erfassen Sie zukünftige Personalaufwendungen, denen keine Arbeitsleistung gegenübersteht. Der Arbeitnehmer hat diese bereits im vergangenen Geschäftsjahr vorgeleistet. Die Rückstellung bemisst sich handelsrechtlich nach dem Bruttoarbeitslohn inklusive Arbeitgeberanteilen zur Sozialversicherung zuzüglich fest zugesagter Sondervergütungen.

Rückstellungen für ausstehende Rechnungen

Sind für empfangene Lieferungen und Leistungen des abgelaufenen Geschäftsjahrs bis zur Aufstellung des Jahresabschlusses noch keine Rechnungen eingegangen, müssen Sie die Höhe der voraussichtlichen Rechnungsbeträge schätzen und unter den sonstigen Rückstellungen zeigen.

Steuerrückstellungen

Unter den **Steuerrückstellungen** weisen Sie alle ungewissen Steuerschulden des Unternehmens aus. Denkbar sind Rückstellungen insbesondere für die vom Bilanzierenden geschuldete Körperschaft-, Gewerbe-, Umsatz- und Grundsteuer.

> **Achtung:**
> Für die privaten Steuerverpflichtungen der Gesellschafter einer Personenhandelsgesellschaft oder eines Einzelkaufmanns dürfen keine Steuerrückstellungen angesetzt werden.

Körperschaft- und Gewerbesteuer

Die Körperschaftsteuerrückstellung ist aus dem geschätzten Steuersoll abzüglich der anrechenbaren Steuern und Vorauszahlungen, die schon geleistet wurden, zu berechnen. Die Gewerbesteuerrückstellung ermittelt sich auf Basis des ermittelten Gewerbeertrags unter Abzug der geleisteten Vorauszahlungen.

Zu den Steuerrückstellungen gehören ausdrücklich auch die Rückstellungen für latente Steuern (§ 274 Abs. 1 HGB). Auf diese wird in einem gesonderten Kapitel eingegangen (vgl. Kapitel 5.7.2).

Drohverlustrückstellungen

Auch die Rückstellungen für drohende Verluste aus schwebenden Geschäften stellen eine Unterkategorie der Rückstellungen für ungewisse Verbindlichkeiten dar. Der Gesetzgeber erwähnt sie aber gesondert (§ 249 Abs. 1 Satz 1 HGB), da im Gegensatz zu den anderen ungewissen Verbindlichkeiten *nicht der volle Erfüllungsbetrag* den Rückstellungsbetrag ausmacht. Stattdessen ist nur der Saldo aus den (höheren) Aufwendungen und den Erträgen eines schwebenden Geschäfts auszuweisen.

Definition

Schwebendes Geschäft

Der Begriff *schwebendes Geschäft* beschreibt ein Vertragsverhältnis, das von der zur Lieferung oder Leistung verpflichteten Vertragspartei zum Stichtag noch nicht voll erfüllt wurde. Anzahlungen des Auftraggebers führen somit noch nicht zur Aufhebung des Schwebezustands.

Grundsätzlich dürfen Sie schwebende Geschäfte nicht in der Bilanz abbilden. Die Ursache hierfür liegt darin, dass von der Ausgeglichenheit von Leistung und Gegenleistung auszugehen ist. D. h., die zukünftigen Aufwendungen werden mit den zukünftigen Erträgen aus dem Geschäft aufgerechnet.

Schwebende Geschäfte lassen sich wie folgt unterteilen:

Schwebende Geschäfte			
auf eine einmalige Leistung gerichtet		Dauerschuldverhältnisse	
Beschaffungs- geschäfte	Absatzgeschäfte	Beschaffungs- geschäfte	Absatzgeschäfte

Droht nunmehr ein Verlust aus dem Schuldverhältnis, weil die zukünftigen Aufwendungen die zukünftigen Erträge übersteigen, ist eine Rückstellung in Höhe des *Verpflichtungsüberschusses* zu passivieren.

Herkömmliche Verbindlichkeitsrückstellungen bilden Sie für künftige Ausgaben, die bereits realisierten Erträgen (z. B. bei Pensionsrückstellungen) oder keinen Erträgen (z. B. bei Rückstellungen für Schadenersatz) zugeordnet werden können. Im Falle von Drohverlustrückstellungen geht es dagegen um die Vorwegnahme zukünftiger Aufwendungen. Sie bilden eine Rückstellung für künftige Ausgaben, die auch künftigen Erträgen zuzurechnen sind. Dieser Verpflichtungsüberschuss muss aufgrund des Imparitätsprinzips (vgl. Kapitel 4.3.3) bereits in der Periode seines Entstehens erfasst werden.

> **Achtung:**
> Gewinne aus schwebenden Geschäften können aufgrund des Realisationsprinzips (vgl. dazu Kapitel 4.3.1) nicht erfasst werden.

Schwebendes Beschaffungsgeschäft

Ein Verlust aus einem **schwebenden Beschaffungsgeschäft** droht, wenn der *Wert des Lieferungs- oder Leistungsanspruchs* zum Abschlussstichtag niedriger ist als der *Wert der geschuldeten Gegenleistung.*

Beispiel: Drohverlust aus Beschaffungsgeschäften

Die Stick AG hat im November 2006 einen Kaufvertrag über den Erwerb einer neuen Maschine abgeschlossen. Der im Vertrag vereinbarte Preis beträgt 80.000 €. Der Verkäufer hat die Maschine zum Abschlussstichtag noch nicht ausgeliefert. Allerdings sind die Preise für diese Maschinen auf dem Markt infolge einer technischen Neuerung dauerhaft auf 60.000 € gefallen.

Der Wert der ausstehenden eigenen Leistung (Kaufpreiszahlung) in Höhe von 80.000 € übersteigt den Wert des Lieferanspruchs von 60.000 €. Aus dem Beschaffungsgeschäft droht somit ein Verlust in Höhe von 20.000 €, den Sie zum Abschlussstichtag mit der folgenden Buchung berücksichtigen müssen:

Aufwand	an	Sonstige Rückstellungen	20.000 €

Wie wäre der Geschäftsvorfall zu bilanzieren, wenn die Maschine am 31.12.06 bereits ausgeliefert worden wäre?

Da es sich um eine voraussichtlich dauernde Wertminderung handelt, muss die Maschine in diesem Fall außerplanmäßig auf den niedrigeren beizulegenden Wert von 60.000 € (Wiederbeschaffungskosten) abgeschrieben werden (§ 253 Abs. 2 HGB):

Maschinen	an	Bank	80.000 €
Abschreibungen	an	Maschinen	20.000 €

In beiden Fällen sinkt der Jahresüberschuss vor Steuern des Geschäftsjahrs um 20.000 €. Die Rückstellung für drohende Verluste wirkt also wie eine vorweggenommene Niederstwertabschreibung.

Rückstellungen für Verluste aus **schwebenden Absatzgeschäften** sind zu bilden, soweit der Wert der Lieferungs- und Leistungsverpflichtung zum Abschlussstichtag über dem Wert des Anspruchs auf die Gegenleistung liegt.

Schwebendes Absatzgeschäft

Beispiel: Drohverlust aus Absatzgeschäften

Die Edel AG hat im November 2006 einen Liefervertrag über den Verkauf von 10.000 Jeanshosen zu einem Preis von 12 € pro Stück abgeschlossen. Zum Abschlussstichtag erkennt das Unternehmen, dass sich der Jeansstoff verteuert hat. Die Herstellungskosten pro Stück betragen unter Berücksichtigung dieser Erhöhung der Beschaffungspreise 14 € je Stück.

Der Wert der eigenen Leistung in Höhe von 140.000 € übersteigt den Wert der künftig zu vereinnahmenden Gegenleistung von 120.000 €. Aus dem Absatzgeschäft droht ein Verlust in Höhe von 20.000 €, den Sie zum Abschlussstichtag mit der folgenden Buchung berücksichtigen müssen:

Aufwand	an	Sonstige Rückstellungen	20.000 €

Achtung:

Wurden bereits unter den Vorräten unfertige Erzeugnisse aktiviert und droht aus dem Absatzgeschäft ein Verlust, so müssen Sie zunächst eine außerplanmäßige Abschreibung auf die aktivierten unfertigen Erzeugnisse vornehmen. Nur für den darüber hinausgehenden Verlust ist eine Rückstellung für drohende Verluste zu bilden.

Beispiel: Drohverlustrückstellung und außerplanmäßige Abschreibung

Ein Unternehmen hat im November 2006 einen Liefervertrag über eine Maschine abgeschlossen, deren Kaufpreis 160.000 € beträgt. Zum Abschlussstichtag hat das Unternehmen die Maschine im Posten *unfertige Erzeugnisse* in Höhe der bisher angefallenen Herstellungskosten von 25.000 € aktiviert. Das Unternehmen rechnet zu diesem Zeitpunkt damit, dass die endgültigen Herstellungskosten 190.000 € betragen werden.

Damit droht dem Unternehmen aus dem Verkauf ein Verlust von 30.000 €.

In Höhe der aktivierten Herstellungskosten ist die Maschine zunächst angesichts der voraussichtlich dauernden Wertminderung außerplanmäßig abzuschreiben (25.000 €). Nur für den restlichen Betrag dürfen Sie dann eine Drohverlustrückstellung bilden (5.000 €). Insgesamt berücksichtigen Sie auf diese Weise den gesamten künftigen Verlust in den Aufwendungen des aktuellen Geschäftsjahrs.

| Abschreibungen | an | Maschinen | 25.000 € |
| Aufwand | an | Sonstige Rückstellungen | 5.000 € |

Sie können alternativ auch wie folgt vorgehen: Zunächst ermitteln Sie den beizulegenden Wert der Maschine zum Abschlussstichtag (vgl. Kapitel 5.2.2):

Verkaufspreis	160.000 €
– noch anfallende Kosten	– 165.000 €
= beizulegender absatzmarktorientierter Wert	**– 5.000 €**

Da der Buchwert der Maschine keinen negativen Wert annehmen kann, ist sie auf Null abzuschreiben, sofern es sich um eine dauerhafte Wertminderung handelt. Der negative Betrag von 5.000 € ist dann noch als Drohverlustrückstellung zu erfassen.

Dauerschuld-
verhältnis

Bei einem **Dauerschuldverhältnis** besteht die geschuldete Leistung in wiederkehrenden, sich über einen längeren Zeitraum erstreckenden Einzelleistungen. Als Beispiele für Dauerschuldverhältnisse sind zu nennen: Miet-, Leasing-, Dienstleistungs-, Darlehens- und Versicherungsverträge. Übersteigt der Wert der eigenen Verpflichtungen der Zukunft den Wert des Anspruchs auf Gegenleistung, müssen Sie eine Drohverlustrückstellung bilden.

Bei der Bewertung von Drohverlustrückstellungen sind sämtliche Vorteile zu berücksichtigen, deren Ursache in dem verlustbringenden Geschäft liegt. Die sich ergebenden Vor- und Nachteile werden gegeneinander aufgerechnet. Nur ein negativer Differenzbetrag führt zu einer Rückstellungsbildung. Der Saldierungsbereich ist nicht bei jedem Geschäft auf den ersten Blick ersichtlich, wie das folgende Beispiel zeigt:

Beispiel: Ermittlung des Drohverlustes

Ein Apotheker mietet bei einem Dritten Geschäftsräume zu einem Preis von 4.000 € je Monat. Er vermietet die Räume an einen Arzt zu einem Preis von 2.000 € je Monat weiter.

Damit macht der Apotheker unmittelbar bzw. auf den ersten Blick jeden Monat einen Verlust in Höhe von 2.000 €. Muss er nun in seinem Jahresabschluss eine Rückstellung für drohende Verluste in Höhe von 24.000 € am Ende des Geschäftsjahrs bilden?

Der einschlägigen Rechtsprechung zufolge darf der Apotheker im vorliegenden Fall keine Rückstellung bilden, da die verlustbringende Weitervermietung nicht ohne Hintergedanken erfolgt ist: Der Apotheker erwartet als vernünftiger Kaufmann aufgrund der Nähe seiner Apotheke zur Arztpraxis eine Steigerung des eigenen Umsatzes und Gewinns. Es wird unterstellt, dass die künftige monatliche Gewinnsteigerung mindestens den monatlichen Verlust in Höhe von 2.000 € ausgleicht. Bei einem solchen Vorab-Kalkül wird also ebenfalls von der (mittelbaren) Gleichwertigkeit von Leistung und Gegenleistung ausgegangen.

5.4.3 Aufwandsrückstellungen

Aufwandsrückstellungen sind dadurch gekennzeichnet, dass lediglich eine Verpflichtung des Bilanzierenden gegenüber sich selbst vorliegt (**Innenverpflichtung**).

Innen-verpflichtung

Auch Aufwandsrückstellungen sind mit dem nach vernünftiger kaufmännischer Beurteilung notwendigen Betrag zu bewerten (§ 253 Abs. 1 Satz 2 HGB). Bei einem Passivierungswahlrecht dürfen Sie die Rückstellung mit jedem Betrag zwischen Null und dem nach vernünftiger kaufmännischer Beurteilung gebotenen Wert dotieren (Teilinanspruchnahme des Wahlrechts). Eine Erläuterung im Anhang wird dann jedoch gefordert.

In § 249 HGB sieht der Gesetzgeber für zwei Aufwandsrückstellungen eine Passivierungspflicht vor und gewährt für zwei Aufwandsrückstellungen ein Ansatzwahlrecht.

Rückstellungen für unterlassene Instandhaltung

Im Geschäftsjahr unterlassene Aufwendungen für Instandhaltung ziehen eine Rückstellungspflicht nach sich, wenn sie innerhalb der ersten drei Monate des folgenden Geschäftsjahrs nachgeholt werden. Sollten die unterlassenen Instandhaltungsmaßnahmen erst innerhalb der darauf folgenden neun Monate des Folgejahres nachgeholt werden, gewährt der Gesetzgeber nur ein Rückstellungswahlrecht (§ 249 Abs. 1 HGB).

Achtung:
Bei unterlassener Instandhaltung kann auch eine außerplanmäßige Abschreibung des betreffenden Vermögensgegenstandes auf den niedrigeren beizulegenden Wert infrage kommen. Sie muss allerdings rückgängig gemacht werden, sobald die Instandhaltung wirksam nachgeholt wurde.

Rückstellungen für Abraumbeseitigung

Eine Rückstellung für im Geschäftsjahr unterlassene Aufwendungen für Abraumbeseitigung ist anzusetzen, sofern sie im nachfolgenden Geschäftsjahr nachgeholt wird (§ 249 Abs. 1 Satz 2 Nr. 1 HGB). Unter Abraumbeseitigung wird die Entfernung von Abraumrückstand verstanden. Soweit eine öffentlich-rechtliche oder vertragliche Verpflichtung für die Abraumbeseitigung besteht, handelt es sich nicht um eine Aufwandsrückstellung, sondern um eine Rückstellung für ungewisse Verbindlichkeiten.

Rückstellungen für bestimmte andere Aufwendungen

Andere Aufwands- rückstellungen

Schließlich können Sie noch andere Aufwandsrückstellungen bilden (§ 249 Abs. 2 HGB), wobei dafür die folgenden vier Voraussetzungen erfüllt sein müssen:

1. Die Aufwendungen lassen sich ihrer Eigenart nach genau umschreiben.
2. Die Aufwendungen müssen bereits abgelaufenen Geschäftsjahren zuzurechnen sein.
3. Die Aufwendungen müssen wahrscheinlich oder sicher zu Ausgaben führen.
4. Höhe oder Zeitpunkt des Eintritts der Aufwendungen muss unbestimmt sein.

Für folgende Sachverhalte kann z. B. die Bildung von Aufwandsrückstellungen in Betracht kommen:

- Unterlassene Instandhaltungsaufwendungen, die erst nach mehr als einem Jahr nachgeholt werden
- Großreparaturen, die in mehrjährigen Intervallen erfolgen
- Abfindungen, für die keine Vereinbarungen getroffen worden sind
- Aufwendungen für die Durchführung einer Jahresabschlussprüfung, soweit keine rechtliche oder vertragliche Verpflichtung zur Prüfung besteht
- Aufwendungen für Firmenjubiläen

Achtung:
Rückstellungen für eine bloße allgemeine Zukunftsvorsorge sind unzulässig.

5.5 Bilanzierung der Verbindlichkeiten

5.5.1 Woraus setzen sich die Verbindlichkeiten zusammen?

Zusammen mit den Rückstellungen stellen die Verbindlichkeiten die Schulden des bilanzierenden Unternehmens dar. Im Gegensatz zu den Rückstellungen handelt es sich bei Verbindlichkeiten aber um zum Abschlussstichtag dem Grunde, der **Höhe** und auch der **Fälligkeit** nach feststehende Verpflichtungen. *(Randspalte: Feststehende Verpflichtungen)*

Da das Fremdkapital im Vergleich zum Eigenkapital regelmäßig nicht unbefristet zur Verfügung steht, fordert der Gesetzgeber, bei sämtlichen Verbindlichkeiten die Beträge in der Bilanz oder im Anhang zu vermerken, die eine *Restlaufzeit von bis zu einem Jahr* haben (§ 268 Abs. 5 Satz 1 HGB). Weiterhin müssen Kapitalgesellschaften und voll haftungsbeschränkte Personenhandelsgesellschaften auch die Verbindlichkeiten mit einer *Restlaufzeit von mehr als fünf Jahren* angeben (§ 285 Nr. 1 HGB). Schließlich sind Angaben über die Verbindlichkeiten zu machen, die durch *Pfandrechte* oder ähnliche Rechte gesichert sind (§ 285 Nr. 2 HGB). Für kleine Gesellschaften sieht der Gesetzgeber insoweit Erleichterungen vor (§ 288 HGB).

Die geforderten Angaben lassen sich am besten in einem **Verbindlichkeitenspiegel** zusammenfassen, der im Anhang gezeigt wird. In diesem Spiegel können Sie drei Fristigkeitsgruppen unterscheiden: *(Randspalte: Verbindlichkeitenspiegel)*

1. Verbindlichkeiten mit einer Restlaufzeit von bis zu einem Jahr (kurzfristige Verbindlichkeiten)
2. Verbindlichkeiten mit einer Restlaufzeit von zwischen einem und fünf Jahren (mittelfristige Verbindlichkeiten)
3. Verbindlichkeiten mit einer Restlaufzeit von über fünf Jahren (langfristige Verbindlichkeiten)

Der Verbindlichkeitenspiegel vermittelt Ihnen einen ersten Eindruck von der Liquiditätslage des Bilanzierenden. Korrespondierende Angaben zu den Restlaufzeiten von Rückstellungen werden im Übrigen nicht gefordert.

Nach § 266 Abs. 3 HGB sind folgende acht Verbindlichkeitsarten in der Bilanz auszuweisen:

1. Anleihen, davon konvertibel
2. Verbindlichkeiten gegenüber Kreditinstituten

3. Erhaltene Anzahlungen auf Bestellungen
4. Verbindlichkeiten aus Lieferungen und Leistungen
5. Verbindlichkeiten aus der Annahme gezogener Wechsel und der Ausstellung eigener Wechsel
6. Verbindlichkeiten gegenüber verbundenen Unternehmen
7. Verbindlichkeiten gegenüber Unternehmen, mit denen ein Beteiligungsverhältnis besteht
8. Sonstige Verbindlichkeiten,
   - davon aus Steuern
   - davon im Rahmen der sozialen Sicherheit

5.5.2 Ausweis in der Bilanz

Definition

> **Anleihen**
>
> Anleihen sind langfristige Darlehen, die unter Inanspruchnahme des organisierten Kapitalmarkts aufgenommen werden. Verbriefte Anleihen werden auch als Schuldverschreibungen bezeichnet.

Unter den Posten *Anleihen* fallen z. B.:
- Teilschuldverschreibungen
- Wandelanleihen
- Optionsanleihen
- Genussrechte, soweit sie dem Fremdkapital zugeordnet werden
- Gewinnschuldverschreibungen

Konvertible Anleihen

Sämtliche Anleihen, deren Inhaber ein Umtausch- oder Bezugsrecht besitzen, sind als konvertible Anleihen einzustufen und mit dem *Davon-Vermerk* gesondert auszuweisen. Zu den konvertiblen Anleihen gehören insbesondere Wandel- und Optionsanleihen.
Alle Verbindlichkeiten gegenüber Kreditinstituten i. S. d. § 1 KWG sind unabhängig von ihrer Laufzeit unter den **Verbindlichkeiten gegenüber Kreditinstituten** zu zeigen.
Erhaltene Anzahlungen auf Bestellungen sind Vorleistungen auf schwebende Geschäfte, bei denen die an die Kunden zu erbringenden Lieferungen oder Leistungen noch ausstehen. Für den Ausweis der Umsatzsteuer, die in den Anzahlungen enthalten ist, stehen dem Bilanzierenden zwei Abbildungsmethoden zur Verfügung:

- Bei der **Nettomethode** werden die erhaltenen Anzahlungen netto gezeigt und die Umsatzsteuer unter den sonstigen Verbindlichkeiten ausgewiesen.
- Bei der **Bruttomethode** buchen Sie die erhaltenen Anzahlungen mit ihrem Bruttobetrag. Zum Ausgleich dafür wird die Umsatzsteuer im Rechnungsabgrenzungsposten aktiviert (§ 250 Abs. 1 Satz 2 Nr. 2 HGB).

Beispiel: Erhaltene Anzahlungen auf Bestellungen

Ein Unternehmen erhält eine Anzahlung auf die Warenbestellung eines Kunden in Höhe von 100 € zuzüglich 16 € Umsatzsteuer:

Variante 1: Nettomethode

Bank	116	an	Erhaltene Anzahlungen	100
			Sonstige Verbindlichkeiten	16

Variante 2: Bruttomethode

Bank	116	an	Erhaltene Anzahlungen	116
Sonstige Steuern	16		Sonstige Verbindlichkeiten	16
Aktivische RAP	16	an	Sonstige Steuern	16

Achtung:
Statt eines Ausweises unter den Verbindlichkeiten ist auch eine offene Absetzung von dem Posten *Vorräte* zulässig (§ 268 Abs. 5 Satz 2 HGB) (vgl. Kapitel 5.3.2).

Unter den **Verbindlichkeiten aus Lieferungen und Leistungen** sind sämtliche Verbindlichkeiten auszuweisen, die mit dem Erwerb oder der Inanspruchnahme von Vermögensgegenständen oder Dienstleistungen in Zusammenhang stehen.

Unter den **Wechselverbindlichkeiten** zeigen Sie alle Schuldwechsel, die das bilanzierende Unternehmen als Bezogener akzeptiert hat. Noch nicht akzeptierte Wechsel werden auch noch nicht erfasst.

Achtung:
Kautions-, Sicherungs- oder Depotwechsel fallen nicht unter die Wechselverbindlichkeiten. Derartige Wechsel werden bei einer Bank etc. hinterlegt und dürfen erst dann in Verkehr gebracht werden, wenn das Unternehmen seinen Verpflichtungen nicht nachkommt.

Unter den **Verbindlichkeiten gegenüber verbundenen Unternehmen** und **Unternehmen, mit denen ein Beteiligungsverhältnis besteht,** zeigen Sie – korrespondierend zum Ausweis bei den Forderungen – alle Verbindlichkeiten gegenüber den genannten Unternehmen, selbst wenn es sich um Verbindlichkeiten aus Lieferungen oder Leistungen oder Wechselverbindlichkeiten handelt. Den Begriff der verbundenen Unternehmen sowie der Unternehmen, mit denen ein Beteiligungsverhältnis besteht, haben Sie bereits in Kapitel 5.2.1 kennen gelernt.

Sonstige Verbindlichkeiten

Soweit Verbindlichkeiten keinem der zuvor genannten Bilanzposten zugeordnet werden können, erfolgt ein Ausweis unter den **sonstigen Verbindlichkeiten**. Dieser Posten umfasst z. B.:

* Steuerschulden, soweit sie ohne Zweifel hinsichtlich Grund und Höhe feststehen (auch abzuführende Lohnsteuer)
* Verbindlichkeiten aus den vom Arbeitgeber zu tragenden Sozialabgaben (z. B. Beiträge zur Arbeitslosen- und Krankenversicherung)
* zum Abschlussstichtag ausstehende Lohn- und Gehaltsüberweisungen

> **Achtung:**
> Steuerverbindlichkeiten und Verbindlichkeiten im Rahmen der sozialen Sicherheit müssen Sie beim Posten *sonstige Verbindlichkeiten* gesondert vermerken.

5.5.3 Bewertung der Verbindlichkeiten

Rückzahlungsbetrag

Verbindlichkeiten sind mit ihrem **Rückzahlungsbetrag** zu bewerten (§ 253 Abs. 1 HGB). Besonderheiten ergeben sich, wenn Rückzahlungs- und Auszahlungsbetrag sich nicht entsprechen:

Disagio

* **Auszahlungsbetrag < Rückzahlungsbetrag**
  Den Differenzbetrag (Auszahlungsdisagio oder Rückzahlungsagio) können Sie entweder
  – sofort erfolgswirksam buchen oder
  – als aktiven Rechnungsabgrenzungsposten aktivieren und über die Laufzeit abschreiben (§ 250 Abs. 3 HGB).

Beispiel: Buchung eines Disagios

Die Edel AG begibt am 01.01.06 eine sechsjährige Anleihe in Höhe von 500.000 €. Der Zinssatz beträgt 4 % und der Auszahlungsbetrag 440.000 €.

Variante 1: Das Disagio in Höhe von 60.000 € wird sofort erfolgswirksam als Aufwand gebucht und am Jahresende wird der reguläre Zinsaufwand erfasst.

Bank	440.000	an	Anleihen	500.000
Zinsaufwand	60.000			

Zinsaufwand	20.000	an	Bank	20.000

Variante 2: Das Disagio wird unter den aktivischen Rechnungsabgrenzungsposten aktiviert.

Bank	440.000	an	Anleihen	500.000
Aktivische RAP	60.000			

Anschließend wird das Disagio planmäßig über die Laufzeit der Anleihe (6 Jahre) aufwandswirksam aufgelöst.

Zinsaufwand	20.000	an	Bank	20.000
Zinsaufwand	10.000	an	Aktivische RAP	10.000

- **Auszahlungsbetrag > Rückzahlungsbetrag**   Agio

  Ist die Anleihe mit einem über der marktüblichen Verzinsung liegenden Nominalzinssatz ausgestattet, wird sich dies im Ausgabebetrag niederschlagen. Dieser wird höher ausfallen, um zu erreichen, dass die effektive Verzinsung dem Marktzinssatz entspricht.

  Ein solches Auszahlungsagio dürfen Sie nicht unmittelbar erfolgswirksam vereinnahmen. Vielmehr müssen Sie es unter den passivischen Rechnungsabgrenzungsposten ansetzen und anteilsmäßig während der Laufzeit der Anleihe vereinnahmen.

Beispiel: Buchung eines Auszahlungsagios

Die Stick AG begibt am 01.01.06 eine sechsjährige Anleihe in Höhe von 500.000 €. Der Zinssatz der Anleihe beträgt 10 % und überschreitet den marktüblichen Zinssatz. Daher liegt der Auszahlungsbetrag mit 550.000 € über dem Rückzahlungsbetrag.

Im Jahr 2006 buchen Sie wie folgt:

Bank	550.000	an	Anleihen	500.000
			Passivische RAP	50.000
Zinsaufwand	50.000	an	Bank	50.000
Passivische RAP	10.000		Zinsertrag	10.000

Sollte eine Anleihe **unverzinslich oder niedrig verzinslich** sein, darf sie trotzdem nicht abgezinst werden, auch wenn die Verbindlichkeit einen versteckten Zinsanteil enthält. Darin schlägt sich das Vorsichtsprinzip (vgl. Kapitel 4.4.2) nieder.

> **Achtung:**
> Unverzinsliche Forderungen sind dagegen abzuzinsen und mit dem Barwert zu bewerten. Der Zinsanteil wird während der Laufzeit der Forderung durch Aufzinsung des Barwerts realisiert.

Auch **überverzinsliche Verbindlichkeiten** werden mit ihrem Rückzahlungsbetrag passiviert. Ist der Zinssatz einer langfristigen Verbindlichkeit höher als der marktübliche Zins, so ist die eigene Leistung des Unternehmens größer als die Gegenleistung. Aus dem Dauerschuldverhältnis droht damit ein Verlust. Es muss eine *Drohverlustrückstellung* in Höhe des Barwerts der Mehrzinsen gebildet werden.

Fremdwährungs-
verbindlichkeiten

Fremdwährungsverbindlichkeiten werden bei Einbuchung mit dem Geldkurs (Euro als Basiseinheit) bewertet. Der Geldkurs gibt den Rückzahlungsbetrag wieder, denn zur Tilgung der Verbindlichkeiten müssen die Devisen zu diesem Kurs beschafft werden. Liegt der Kurs zum Abschlussstichtag über dem Zugangskurs, ist grundsätzlich eine Aufwertung der Verbindlichkeit vorzunehmen (*Höchstwertprinzip*).

Zerobonds

Bei manchen Anleihen werden die Zinsen erst am Ende der Laufzeit gezahlt (**Zerobonds**). Im Zeitpunkt der Begebung der Anleihe wird zunächst der Ausgabebetrag als Darlehen gewährt. Die rechnerischen Jahreszinsen, die erst am Ende der Laufzeit bezahlt werden, stellen eine zusätzliche Darlehensgewährung dar und sind in die Verzinsung einzubeziehen. Zum Abschlussstichtag müssen Sie daher den Ausgabebetrag zuzüglich der bis zu diesem Zeitpunkt aufgelaufenen Zinsen passivieren.

Beispiel: Bilanzierung von Zero-Bonds

Ein Unternehmen emittiert einen Zero-Bond zu folgenden Bedingungen:

Ausgabebetrag am 31.12.06	1.000
Rückzahlungsbetrag am 31.12.10	1.464
Rendite	10 %
Laufzeit	4 Jahre

Folgende Buchungen sind in den Geschäftsjahren 06 bis 10 vorzunehmen:

Jahr 06	Bank	1.000	an	Anleihen	1.000
Jahr 07	Zinsaufwand	100	an	Anleihen	100
Jahr 08	Zinsaufwand	110	an	Anleihen	110
Jahr 09	Zinsaufwand	121	an	Anleihen	121
Jahr 10	Zinsaufwand	133	an	Anleihen	133
	Anleihen	1.464	an	Bank	1.464

5.6 Bilanzierung des Eigenkapitals

5.6.1 Wie setzt sich das Eigenkapital zusammen?

Neben dem Fremdkapital, das dem Unternehmen grundsätzlich von Außenstehenden zur Verfügung gestellt wird und eine Verpflichtung des Unternehmens gegenüber Dritten darstellt, ist auf der Passivseite der Bilanz das Eigenkapital auszuweisen.

Das Eigenkapital ergibt sich als Differenz zwischen der Summe der Aktiva und der Summe der Schulden (einschließlich passivischer Rechnungsabgrenzungsposten). Es ist den Eigentümern zuzurechnen und stellt im Gegensatz zum Fremdkapital *haftendes* Kapital des Unternehmens dar. Im Insolvenzfall haftet z. B. eine Kapitalgesellschaft mit ihrem gesamten Vermögen für die bestehenden Schulden. Im schlechtesten Fall verlieren die Gesellschafter damit das gesamte Eigenkapital der Gesellschaft. Darüber hinaus ist die Dauer der Kapitalüberlassung *unbefristet*.

Merkmale des Eigenkapitals

Kapital-
bestandteile

Grundsätzlich können Sie zwischen festen und variablen Eigenkapitalbestandteilen trennen. Je nach Rechtsform werden unterschiedliche Kapitalbestandteile gezeigt:

Übersicht: Feste und variable Eigenkapitalbestandteile

Rechtsform	Festes Eigenkapitalkonto	Variable Eigenkapitalkonten
Einzelunternehmen	—	Kapitalkonto des Einzelunternehmers
OHG	—	Kapitalkonten der Gesellschafter
KG	Kapitalkonten der Kommanditisten	Kapitalkonten der Komplementäre
AG	Grundkapital	Kapital-, Gewinnrücklagen, Ergebnisvortrag, Jahreserfolg
GmbH	Stammkapital	
Voll haftungsbeschränkte Personenhandelsgesellschaften	Kapitalkonten der Kommanditisten	Kapitalkonten der Komplementäre

Für Einzelkaufleute und Personenhandelsgesellschaften, die wenigstens eine natürliche Person als Vollhafter haben, regelt der Gesetzgeber hinsichtlich der Darstellung des Eigenkapitals bloß, dass es *gesondert auszuweisen und hinreichend aufzugliedern* ist (§ 247 Abs. 1 HGB). Eine weitergehende, konkrete Untergliederung ist dagegen nicht vorgeschrieben. Häufig werden deshalb nur *variable Kapitalkonten* ausgewiesen, soweit die Eigentümer betroffen sind, die auch mit ihrem Privatvermögen haften. Sie erhöhen sich durch Einlagen und erwirtschaftete Gewinne und vermindern sich durch Entnahmen und eingetretene Verluste.

Unternehmen mit beschränkt haftenden Gesellschaftern, also solchen Personen, die nicht mit ihrem Privatvermögen für die Schulden des Unternehmens einstehen müssen, schreibt der Gesetzgeber ein festes Eigenkapitalkonto vor. Auf diesem ist das gesellschaftsrechtliche Haftungskapital, das bei der Gründung eine bestimmte Höhe haben muss, auszuweisen. Darüber hinaus wird von Kapitalgesellschaften gemäß § 266 Abs. 3 HGB gefordert, ihr Eigenkapital wie folgt zu untergliedern:

1. Gezeichnetes Kapital
2. Kapitalrücklage
3. Gewinnrücklagen
4. Gewinn- oder Verlustvortrag
5. Jahresüberschuss oder -fehlbetrag

Davon teilweise abweichend haben voll haftungsbeschränkte Personenhandelsgesellschaften nach § 264c Abs. 2 HGB folgende Untergliederung vorzunehmen:
1. Kapitalanteile
2. Rücklagen
3. Gewinn- oder Verlustvortrag
4. Jahresüberschuss oder -fehlbetrag

5.6.2 Gezeichnetes Kapital

Als gezeichnetes Kapital ist bei der AG das Grundkapital und bei der GmbH das Stammkapital zu zeigen.

Das Grundkapital einer AG muss mindestens 50.000 € betragen (§ 7 AktG). Es kann in Nennbetrags- oder Stückaktien zerlegt sein. *Nennbetragsaktien* müssen auf einen bestimmten nominellen Wert von mindestens 1 € lauten (§ 8 Abs. 2 AktG). *Stückaktien* dagegen besitzen keinen Nennbetrag. Sie sind am Grundkapital in gleichem Umfang beteiligt. Der auf die einzelne Aktie entfallende anteilige Betrag des Grundkapitals darf allerdings 1 € ebenfalls nicht unterschreiten (§ 8 Abs. 3 AktG). *Grundkapital*

Des Weiteren kann es verschiedene, mit unterschiedlichen Rechten ausgestattete Aktiengattungen geben: *Aktiengattungen*

- **Stammaktien** gewähren dem Inhaber alle im AktG vorgesehene Mitgliedschaftsrechte an der Gesellschaft (Stimmrecht, Dividendenanspruch, Bezugsrecht auf junge Aktien, Recht auf Teilnahme an der Hauptversammlung, Recht auf einen Anteil am Liquidationserlös).
- **Vorzugsaktien** sind mit einem bestimmten Vorteil bezüglich Dividende, Bezugsrecht oder Liquidationserlös ausgestattet, besitzen dagegen aber grundsätzlich kein Stimmrecht.

Wenn unterschiedliche Aktiengattungen vorliegen, sind die darauf entfallenden Kapitalbeträge gesondert auszuweisen (§ 152 Abs. 1 AktG).

Bei einer GmbH muss das Stammkapital mindestens 25.000 € betragen. Jede Stammeinlage muss dabei einen Nominalwert von 100 € haben.

Für den Bilanzausweis des gezeichneten Kapitals ist der im Handelsregister eingetragene (Nenn-)Betrag maßgebend. Dies gilt auch dann, wenn das gezeichnete Kapital noch nicht voll einbezahlt worden ist. In dieser Situation räumt das Gesetz folgende zwei Ausweisalternativen ein (§ 272 Abs. 1 HGB):

- **Bruttomethode:** Bei Anwendung dieser Methode sind die ausstehenden Einlagen auf der Aktivseite vor dem Anlagevermögen gesondert auszuweisen. Soweit Beträge bereits eingefordert sind, muss ein entsprechender Davon-Vermerk bei diesem Posten erfolgen.

- **Nettomethode:** Sie dürfen die nicht eingeforderten ausstehenden Einlagen alternativ auch offen vom gezeichneten Kapital absetzen. Der verbleibende Betrag ist dann in der Hauptspalte als *eingefordertes Kapital* zu bezeichnen. Auf der Aktivseite weisen Sie gleichzeitig den eingeforderten, aber noch nicht eingezahlten Betrag unter den Forderungen gesondert aus.

Beispiel: Ausstehende Einlagen

Das gezeichnete Kapital einer GmbH beträgt 600.000 €. Davon wurden 500.000 € bereits eingezahlt. Von dem noch nicht eingezahlten Betrag sind 70.000 € zum Abschlussstichtag eingefordert.

Bruttomethode

Ausstehende Einlagen auf das gezeichnete Kapital,	100.000	A. Eigenkapital	
		I. Gezeichnetes Kapital	600.000
davon eingefordert	70.000		
A. Anlagevermögen			
B. Umlaufvermögen			
IV. Kassenbestand	500.000		

Nettomethode

B. Umlaufvermögen		A. Eigenkapital	
II. Forderungen und sonstige Vermögensgegenstände	70.000	I. Gezeichnetes Kapital	600.000
		– nicht eingeforderte ausstehende Einlagen	– 30.000
IV. Kassenbestand	500.000	= Eingefordertes Kapital	570.000

Die beiden Ausweismöglichkeiten beeinflussen somit die Höhe der Bilanzsumme und damit unter Umständen auch die Größenklasseneinstufung nach § 267 HGB.

Vor dem Hintergrund der abweichenden gesellschaftsrechtlichen Vorgaben passt § 264c HGB die für Kapitalgesellschaften geltende Vorschrift zum Ausweis des gezeichneten Kapitals bei **voll haftungsbeschränkten Personenhandelsgesellschaften** wie folgt an:

- Anstelle des gezeichneten Kapitals werden die *Kapitalanteile der Gesellschafter* gezeigt.
- Die *Einlagen* der *persönlich haftenden Gesellschafter* und der *Kommanditisten* sind gesondert auszuweisen.
- *Gewinne* werden grundsätzlich direkt dem jeweiligen variablen Kapitalkonto zugerechnet, während es *Verluste* direkt belasten.

5.6.3 Kapitalrücklage

Im Gegensatz zum gezeichneten Kapital beinhaltet die Kapitalrücklage solche Eigenkapitalbestandteile, die grundsätzlich variabel sind. Es ist wichtig, dass Sie die Kapitalrücklage eindeutig von den Gewinnrücklagen abgrenzen bzw. unterscheiden: Kapitalrücklagen entstehen aus der Einstellung von (zusätzlichen) Beträgen durch die Kapitalgeber und damit durch Zuführungen **von außen**. Gewinnrücklagen dagegen werden **von innen** aus erzielten Gewinnen gebildet.

Kapital- und Gewinnrücklagen

Auch für voll haftungsbeschränkte Personenhandelsgesellschaften sieht § 264c HGB den Ausweis eines Rücklagenpostens vor, der aber nicht in Kapital- und Gewinnrücklagen unterteilt ist. Dieser Posten besitzt in der Praxis eine verhältnismäßig geringe Bedeutung. Denn er darf nur Beträge aufnehmen, die auf einer gesellschaftsrechtlich begründeten Rücklageneinstellung basieren (§ 264c Abs. 2 Satz 8 HGB). Solche Vereinbarungen im Gesellschaftsvertrag einer Personenhandelsgesellschaft sind aber eher selten.

Folgende Beträge sind bei *Kapitalgesellschaften* in der Kapitalrücklage zu erfassen (§ 272 Abs. 2 HGB):

- Der Betrag, den die Gesellschafter bei der Anteilsausgabe über den Nennbetrag bzw. den rechnerischen Wert der Anteile hinaus bezahlen.

135

Beispiel:

Die Edel AG beschließt eine Kapitalerhöhung und gibt 10.000 neue Aktien aus. Der Nennbetrag je Aktie beträgt 10 €, bei einem Ausgabepreis von 15 € je Aktie. Die Buchung lautet:

Bank	150.000	an	Gezeichnetes Kapital	100.000
			Kapitalrücklage	50.000

- Der Betrag, der bei einer Ausgabe von Wandelschuldverschreibungen für die Options- oder Wandlungsrechte zum Bezug von oder zum Wechsel in Gesellschaftsanteile geleistet wird.

Beispiel:

Die Stick AG begibt eine Optionsanleihe. Die Anleihe ist mit einem Optionsrecht ausgestattet, das es dem Inhaber erlaubt, nach Ablauf einer bestimmten Frist Aktien der Gesellschaft zu einem in den Optionsbedingungen festgelegten Preis zu erwerben. Die Anleihe ist mit einem Nominalzins (5 % p. a.) ausgestattet, der unter dem Marktzins (7,47 % p. a.) liegt. Der Ausgabebetrag für die fünfjährige Anleihe beträgt 1 Mio. €.

Würde die Stick AG statt der Optionsanleihe eine herkömmliche Anleihe ohne Optionsrecht zu sonst gleichen Bedingungen begeben, könnte am Markt nur ein Ausgabebetrag in Höhe von 900.000 € erzielt werden. Diesen Wert erfassen Sie innerhalb des Fremdkapitals.

Den (fiktiven) Ausgabebetrag errechnen Sie, indem Sie die jährlichen Zinszahlungen und die Tilgungszahlung mit dem Marktzins auf den Bewertungszeitpunkt abzinsen.

Berechnung: $(50.000 / 1,0747^1) + 1$ Mio. € $/ 1,0747^5 = 900.000$ €

Auch wenn der Nominalbetrag der Anleihe 1 Mio. € beträgt, wären Sie also bei einer Anleihe ohne Optionsrecht nicht bereit, mehr als 900.000 € hierfür zu zahlen. Denn bei einem Ausgabebetrag von 900.000 € erzielen Sie genau den Marktzins in Höhe von 7,47 %.

Der Wert des verdeckten Aufgelds für das Optionsrecht, der in der Kapitalrücklage zu erfassen ist, beträgt somit 100.000 € (= 1 Mio. € - 900.000 €).

- Zuzahlungsbeträge, die Gesellschafter für die Gewährung eines Vorzugs für ihre Anteile leisten (insbesondere bei Vorzugsaktien).
- Der Betrag von anderen Zuzahlungen, die Gesellschafter in das Eigenkapital leisten.

Achtung:
Bei Unternehmen in der Rechtsform der AG und KGaA müssen Sie bestimmte Beschränkungen in Bezug auf die Verwendung der Kapitalrücklage berücksichtigen (§ 150 Abs. 3 und 4 AktG). Ansonsten ist die Kapitalrücklage bei GmbH und AG für die Gesellschafter frei verfügbar.

5.6.4 Gewinnrücklagen

Gewinnrücklagen entstehen durch die Einbehaltung (Thesaurierung) von erwirtschafteten Gewinnen. Sie werden der Gesellschaft im Gegensatz zur Kapitalrücklage also „von innen" zugeführt.

Kategorien von Gewinnrücklagen

Sie müssen vier Kategorien von Gewinnrücklagen unterscheiden, die nach § 266 Abs. 3 HGB von Kapitalgesellschaften gesondert auszuweisen sind:

1. Gesetzliche Rücklage
2. Rücklage für eigene Anteile
3. Satzungsmäßige Rücklagen
4. Andere Gewinnrücklagen

Die Bildung einer **gesetzlichen Rücklage** ist nur für AG und KGaA, nicht aber für GmbH, vorgeschrieben (§ 150 AktG). Danach muss eine AG oder KGaA solange Einstellungen in eine gesetzliche Rücklage vornehmen, bis diese zusammen mit der Kapitalrücklage 10 % des Grundkapitals erreicht. Die Satzung der Gesellschaft kann einen höheren Wert vorschreiben. Die Bildung hat in der Form zu erfolgen, dass jährlich 5 % des um einen Verlustvortrag geminderten Jahresüberschusses in die gesetzliche Rücklage einzustellen sind, bis der gesetzlich (oder satzungsmäßig) vorgegebene Betrag erreicht ist. Die gesetzliche Rücklage und die Kapitalrücklage sind strenger an die Gesellschaft gebunden als die anderen Rücklagen. So werden die freien Verwendungsmöglichkeiten durch § 150 Abs. 3 und 4 AktG beschränkt. Insbesondere ist eine einfache Auszahlung an die Aktionäre nicht zulässig. Vielmehr sind die Rücklagenbeträge dazu bestimmt, zum Ausgleich auftretender Verluste zu dienen, bevor das gezeichnete Kapital angegriffen wird.

Gesetzliche Rücklage

Die **Rücklage für eigene Anteile** steht, wie es aus der Postenbezeichnung schon hervorgeht, im Zusammenhang mit dem Ankauf von

Rücklage für eigene Anteile

eigenen Anteilen an der Gesellschaft, der zu bestimmten Zwecken erfolgen kann (§ 71 AktG, § 33 GmbHG). Wie an anderer Stelle erläutert, haben Sie die eigenen Anteile selbst im Umlaufvermögen bei den Wertpapieren zu aktivieren (vgl. Kapitel 5.3.4). In gleicher Höhe müssen Sie innerhalb der Gewinnrücklagen eine Rücklage für eigene Anteile bilden (§ 272 Abs. 4 Satz 1 HGB). Sie kann entweder zulasten des Jahresüberschusses, eines Gewinnvortrags oder von anderen frei verfügbaren Gewinnrücklagen gebildet werden. Die Bildung wird daher in der Gewinn-und-Verlust-Rechnung als *Ergebnisverwendung* nach dem Jahresüberschuss bzw. - fehlbetrag ausgewiesen. Der Buchungssatz bei Bildung lautet:

Einstellung in die Rücklage für eigene Anteile	an	Rücklage für eigene Anteile

Ausschüttungssperre

Die Rücklagenbildung bewirkt eine *Ausschüttungssperre* und dient dadurch dem Schutz der Gläubiger. Die Vorschriften zur Bildung der gesetzlichen Rücklage gelten im Übrigen auch, wenn eine Kapitalgesellschaft Anteile eines herrschenden oder eines mit Mehrheit beteiligten Unternehmens kauft (so genannte *Rückbeteiligungen*; § 272 Abs. 4 Satz 4 HGB).

> **Achtung:**
> Bei voll haftungsbeschränkten Personenhandelsgesellschaften ist statt einer Rücklage für eigene Anteile nach dem Eigenkapital ein Ausgleichsposten für aktivierte eigene Anteile auszuweisen (§ 272 Abs. 4 HGB).

Erwirbt eine AG oder KGaA eigene Aktien zum Zweck der Einziehung oder hängt deren Weiterveräußerung von einem Beschluss der Hauptversammlung ab, dürfen die erworbenen Aktien *nicht* aktiviert werden. Stattdessen ist der Nennbetrag bzw. der rechnerische Wert in der Vorspalte offen vom Posten *gezeichnetes Kapital* abzusetzen. Den Unterschiedsbetrag zwischen Kaufpreis und Nennbetrag bzw. rechnerischem Wert verrechnen Sie anschließend mit den Gewinnrücklagen.

Satzungsmäßige Rücklagen

Die Satzung einer AG bzw. KGaA oder der Gesellschaftsvertrag einer GmbH kann zudem verbindlich vorsehen, dass die Gesellschaft weitere Rücklagen, so genannte **satzungsmäßige Rücklagen** bilden muss.

Als **andere Gewinnrücklagen** werden alle sonstigen Arten von Gewinnrücklagen bezeichnet, die zu keiner der bisher aufgeführten Kategorien gehören. Dazu zählen insbesondere die Einstellungen aufgrund des Ergebnisverwendungsbeschlusses der Gesellschafter.

Andere Gewinn-rücklagen

Ausweis der Zusammensetzung der Rücklagen
Über die Zusammensetzung ihrer Rücklagen müssen AG und KGaA in der Bilanz oder im Anhang folgende Beträge gesondert angeben (§ 152 Abs. 2 und 3 AktG):
- Betrag der Kapitalrücklage, der während des Geschäftsjahrs eingestellt und der für das Geschäftsjahr entnommen wurde
- Beträge der Gewinnrücklagen, die die Hauptversammlung aus dem Bilanzgewinn des Vorjahrs eingestellt hat, die aus dem Jahresüberschuss des Geschäftsjahrs eingestellt wurden und die für das Geschäftsjahr entnommen werden

Da bei *Personenhandelsgesellschaften* die Gewinne im Allgemeinen direkt dem Kapitalkonto zugerechnet werden, werden meist keine Rücklagen ausgewiesen. Nur wenn Rücklagen aufgrund gesellschaftsvertraglicher Vereinbarungen oder durch Mehrheitsbeschluss der Gesellschafter gebildet werden, sind sie als solche in der Bilanz zu zeigen.

5.6.5 Gewinn- und Verlustvortrag, Jahresüberschuss und -fehlbetrag
Ob in der Bilanz die Posten Gewinn-/Verlustvortrag und Jahresüberschuss/-fehlbetrag oder aber stattdessen der Posten Bilanzgewinn/-verlust ausgewiesen wird, hängt davon ab, ob die Bilanz unter Berücksichtigung der vollständigen oder teilweisen Verwendung des Jahresergebnisses aufgestellt wird (§ 268 Abs. 1 HGB). Hier gibt es drei Alternativen:

1. Alternative: Aufstellung der Bilanz vor Ergebnisverwendung
Der gesamte **Jahreserfolg** aus der Gewinn-und-Verlust-Rechnung erscheint in diesem Fall auch in der Bilanz. Des Weiteren weist die Bilanz dann den Posten **Gewinn- oder Verlustvortrag** aus, wenn sich dessen Dotierung aus dem Ergebnisverwendungsbeschluss des Vorjahres ergibt.

2. Alternative: Aufstellung der Bilanz nach teilweiser Ergebnisverwendung

Eine teilweise Ergebnisverwendung kann sich aus Gesetz oder Satzung ergeben. Z. B. schreibt das Gesetz – wie erwähnt – unter bestimmten Umständen zwingend die Einstellung von Beträgen in die gesetzliche Rücklage und die Rücklage für eigene Anteile vor. Darüber hinaus können Vorstand und Aufsichtsrat regelmäßig einen Teil des Jahresüberschusses (höchstens die Hälfte) in die anderen Gewinnrücklagen einstellen. In diesem Fall beschließt die Hauptversammlung schließlich nur noch über die Verwendung des Restbetrags (§ 58 Abs. 3 AktG).

Aufgrund der genannten Vorschriften ist die Aufstellung der Bilanz nach teilweiser Ergebnisverwendung bei der AG sehr verbreitet. Sie kann aber auch bei der GmbH zur Anwendung kommen, wenn der Gesellschaftsvertrag die Geschäftsführer ermächtigt, Teile des Jahresergebnisses den Gewinnrücklagen zuzuführen. In der Bilanz erscheint dann anstatt eines Gewinn- oder Verlustvortrags und eines Jahresüberschusses oder -fehlbetrags bloß der Posten **Bilanzgewinn/-verlust**. Der hierin enthaltene Gewinn- oder Verlustvortrag des Vorjahres ist gesondert in der Bilanz oder im Anhang anzugeben (§ 268 Abs. 1 Satz 2 HGB).

3. Alternative: Aufstellung der Bilanz nach vollständiger Ergebnisverwendung

Der Posten Jahresüberschuss/-fehlbetrag erscheint bei vollständiger Ergebnisverwendung ebenfalls nicht. Der Bilanzgewinn ist in diesem Fall grundsätzlich null, weil das Ergebnis schon verwendet wurde, d. h. es wurde den Gewinnrücklagen zugeführt oder zur Ausschüttung vorgesehen. Der zur Ausschüttung vorgesehene Betrag wird nicht mehr im Eigenkapital, sondern unter den Verbindlichkeiten gegenüber Gesellschaftern erfasst.

> **Achtung:**
> Nur im Ausnahmefall verbleibt ein Betrag im Bilanzgewinn, und zwar dann, wenn ein Teil des Jahresüberschusses auf das nächste Jahr vorgetragen werden soll. Dieser Teil wird als Bilanzgewinn gezeigt, da der Gewinnvortrag sich ausschließlich auf das Vorjahr bezieht.

In der Praxis kommt der Fall der vollständigen Ergebnisverwendung im Rahmen der Aufstellung des Jahresabschlusses sehr selten vor. Auch aus der Gewinn-und-Verlust-Rechnung ist die Ergebnisverwendung ersichtlich (§ 275 Abs. 4 HGB für die GmbH und § 158 Abs. 1 AktG für die AG; vgl. dazu Kapitel 6.1).

Die folgende Übersicht fasst den Ausweis in Bilanz und Gewinn-und-Verlust-Rechnung je nach Art der Ergebnisverwendung zusammen.

Übersicht: Ausweis in Bilanz und Gewinn-und-Verlust-Rechnung

Aufstellung des Jahresabschlusses	Ausweis in der Bilanz	Ausweis in der Gewinn- und-Verlust-Rechnung
ohne Berücksichtigung der Ergebnisverwendung	I. Gezeichnetes Kapital II. Kapitalrücklage III. Gewinnrücklagen IV. Gewinn-/Verlustvortrag *(aus dem Vorjahr)* V. Jahresüberschuss/ -fehlbetrag *(des Geschäftsjahrs)*	Jahresüberschuss/ -fehlbetrag
unter teilweiser Berücksichtigung der Ergebnisverwendung	I. Gezeichnetes Kapital II. Kapitalrücklage III. Gewinnrücklagen IV. Bilanzgewinn/-verlust	Jahresüberschuss/ -fehlbetrag +/– Gewinn-/Verlust- vortrag +/– Entnahmen aus/ Einstellungen in Gewinnrücklagen = Bilanzgewinn/-verlust
unter Berücksichtigung der vollständigen Ergebnisverwendung	I. Gezeichnetes Kapital II. Kapitalrücklage III. Gewinnrücklagen	Jahresüberschuss/ -fehlbetrag +/– Gewinn-/Verlust- vortrag +/– Entnahmen aus/ Einstellungen in Gewinnrücklagen = Bilanzgewinn/-verlust

Beispiel: Eigenkapitalausweis und Ergebnisverwendung

Das Eigenkapital einer GmbH umfasst zu Beginn eines Geschäftsjahrs die folgenden Posten:

Gezeichnetes Kapital	500.000 €
Kapitalrücklage	100.000 €
Andere Gewinnrücklagen	300.000 €
Gewinnvortrag	50.000 €

Im Geschäftsjahr hat die GmbH einen Jahresüberschuss in Höhe von 200.000 € erwirtschaftet. Die Gesellschaft hat außerdem im Verlauf des Geschäftsjahrs eigene Geschäftsanteile für einen Preis von 100.000 € zurückgekauft und im Umlaufvermögen aktiviert. Darüber hinaus beschließt die Geschäftsführung entsprechend einer entsprechenden Klausel des Gesellschaftsvertrags, den anderen Gewinnrücklagen 20 % des Jahresüberschusses zuzuführen. Stellen Sie die Gliederung des Eigenkapitals dar.

Im vorliegenden Fall muss die Bilanz unter Berücksichtigung der teilweisen Ergebnisverwendung aufgestellt werden. Denn zum einen ist zwingend die Rücklage für eigene Anteile zu bilden, und zum anderen sind laut Gesellschaftsvertrag die anderen Gewinnrücklagen zu dotieren.

Der Bilanzgewinn entwickelt sich aus der Gewinn-und-Verlust-Rechnung wie folgt:

	Jahresüberschuss	200.000 €
+	Gewinnvortrag	50.000 €
−	Einstellung in die Rücklage für eigene Anteile	100.000 €
−	Einstellung in die anderen Gewinnrücklagen	20.000 €
=	**Bilanzgewinn**	**130.000 €**

Es kommt damit in der Bilanz zum nachstehenden Eigenkapitalausweis:

	Gezeichnetes Kapital	500.000 €
	Kapitalrücklage	100.000 €
	Rücklage für eigene Anteile	100.000 €
	Andere Gewinnrücklagen	320.000 €
=	**Bilanzgewinn (davon Gewinnvortrag 50.000 €)**	**130.000 €**

Sonderfall: negative Ergebnisse

Ein Sonderfall liegt dann vor, wenn Verluste das Eigenkapital vollständig aufgezehrt haben oder sogar übersteigen. Negative Ergebnisse haben Sie grundsätzlich innerhalb des Eigenkapitals als Abzugsposten zu berücksichtigen. Da jedoch im beschriebenen Fall die Schulden größer als die Aktivposten sind, muss der Differenzbetrag auf der Aktivseite unter der Bezeichnung **nicht durch Eigenkapital gedeckter Fehlbetrag** ausgewiesen werden (§ 268 Abs. 3 HGB).

Beispiel: Negatives Eigenkapital

Wie weisen Sie die folgenden Eigenkapitalbestandteile einer GmbH aus?

Gezeichnetes Kapital:	1.000.000 €
Verlustvortrag:	600.000 €
Jahresfehlbetrag:	800.000 €

	A. Eigenkapital	
	I. Gezeichnetes Kapital	1.000
	II. Verlustvortrag	600
	III. Jahresfehlbetrag	800
		– 400
V. Nicht durch Eigenkapital gedeckter Fehlbetrag	400	

Bei voll **haftungsbeschränkten Personenhandelsgesellschaften** sind auftretende Verluste wie folgt zu berücksichtigen (§ 264c Abs. 2 Satz 4 und 5 HGB):

- Verluste, die auf den Kapitalanteil eines persönlich haftenden Gesellschafters entfallen, sind von diesem Kapitalanteil abzusetzen.
- Übersteigt der Verlust den Kapitalanteil eines Komplementärs, weisen Sie auf der Aktivseite unter den Forderungen den Posten *Einzahlungsverpflichtungen persönlich haftender Gesellschafter* aus, soweit eine entsprechende Zahlungsverpflichtung vorliegt.
- Liegt keine Zahlungsverpflichtung vor, ist der Fehlbetrag des Komplementärs auf der Aktivseite am Schluss der Bilanz unter dem Posten *Nicht durch Vermögenseinlagen gedeckter Verlustanteil persönlich haftender Gesellschafter* zu erfassen.
- In Bezug auf die Kommanditisten gelten die vorstehenden Regeln grundsätzlich sinngemäß (§ 264c Abs. 2 Satz 6 und 7 HGB).

5.7 Besondere Bilanzposten

5.7.1 Die Rechnungsabgrenzung

Perioden-
gerechte Ge-
winnermittlung

Aktivische und passivische Rechnungsabgrenzungsposten sind nach handelsrechtlichem Bilanzierungsverständnis weder Vermögensgegenstände noch Verbindlichkeiten, sondern Korrekturposten für eine *periodengerechte Gewinnermittlung*. Mittels dieser Abgrenzungsposten ordnen Sie Zahlungsvorgänge dem Geschäftsjahr zu, auf das sie wirtschaftlich entfallen und in dem sie somit als Aufwand oder Ertrag zu erfassen sind.

Beispiel: Aktivische Rechnungsabgrenzung

Ein Unternehmen hat Büroräume angemietet. Am 01.12.06 zahlt es die Miete für die Monate Dezember 06 bis Februar 07 in Höhe von insgesamt 18.000 €. Es erfolgt zunächst folgende Buchung im Jahr 06:

Jahr 06	Sonstige betriebliche Aufwendungen	18.000	an	Bank	18.000

Verbliebe es allein bei dieser Buchung, würde die Miete für die Monate Januar und Februar des Folgejahrs das Ergebnis des Geschäftsjahrs 06 belasten. Wirtschaftlich ist die Miete für Januar und Februar 07 jedoch dem Geschäftsjahr 07 zuzurechnen: Erst in diesem Geschäftsjahr empfängt das Unternehmen die Gegenleistung für die bereits vorausbezahlte Miete.

Auf der Aktivseite wird deshalb ein Abgrenzungsposten gebildet, der verhindert, dass die Miete des kommenden Jahres bereits den Erfolg des laufenden Geschäftsjahrs vermindert:

Jahr 06	Aktivische RAP	12.000	an	Sonstige betriebliche Aufwendungen	12.000

Im Folgejahr 07 wird der Rechnungsabgrenzungsposten wieder aufgelöst und die im Vorjahr vorausbezahlten Mietbeträge werden aufwandswirksam:

Jahr 07	Sonstige betriebliche Aufwendungen	12.000	an	Aktivische RAP	12.000

Aktivische
Abgrenzung

Das Beispiel illustriert, dass Sie als **aktivische Rechnungsabgrenzung** von einem Unternehmen geleistete Zahlungen erfassen, die erst in einer kommenden Periode einen Aufwand darstellen.

Hiermit korrespondierend bilden Sie auf der Passivseite einen Rechnungsabgrenzungsposten, wenn ein Unternehmen Zahlungen empfängt, die wirtschaftlich einer nachfolgenden Periode zuzurechnen sind (**passivische Rechnungsabgrenzung**).

Passivische Abgrenzung

Voraussetzungen für den Ansatz eines Rechnungsabgrenzungspostens

Es müssen drei Voraussetzungen erfüllt sein, um einen Rechnungsabgrenzungsposten anzusetzen (§ 250 HGB):

1. Der betreffende Geschäftsvorfall muss zu *Ausgaben* oder *Einnahmen vor dem Abschlussstichtag* in Form von geleisteten Zahlungen oder eingebuchten Verbindlichkeiten oder Forderungen geführt haben.
2. Die Ausgabe oder Einnahme vor dem Abschlussstichtag muss wirtschaftlich einer nachfolgenden Periode zuzuordnen sein, d. h. *Aufwand oder Ertrag einer späteren Periode* darstellen.
3. Schließlich muss die Ausgabe Aufwand und die Einnahme Ertrag für eine *bestimmte Zeit* nach dem Abschlussstichtag darstellen, d. h. Anfang und Ende des Zeitraums müssen eindeutig sein. Dabei können sich Rechnungsabgrenzungsposten durchaus über mehrere Jahre erstrecken.

Beispiele für typische Vorgänge, die zum Ansatz von Rechnungsabgrenzungsposten führen können, sind gezahlte oder empfangene Mieten, Zinsen, Beiträge, Gebühren, Honorare oder Versicherungsprämien.

Sonderfälle der Rechnungsabgrenzung

Neben den typischen Rechnungsabgrenzungen sieht das Gesetz bestimmte Sonderfälle der aktivischen und passivischen Rechnungsabgrenzung vor, für die ein Ansatzwahlrecht besteht. Diese besonderen Tatbestände umfassen:

• Als Aufwand gebuchte *Zölle und Verbrauchsteuern*, soweit sie auf am Abschlussstichtag auszuweisende Vermögensgegenstände des Vorratsvermögens entfallen (§ 250 Abs. 1 Satz 2 Nr. 1 HGB)

Beispiel:

Die Stick AG erwirbt im Jahr 06 insgesamt 100.000 T-Shirts aus Thailand. Die Anschaffungskosten betragen 2 € je Stück, wobei noch Einfuhrzölle von insgesamt 1.000 € anfallen. Die T-Shirts werden im darauf folgenden Geschäftsjahr vollständig verkauft.

Variante 1: Einfuhrzölle werden als Anschaffungsnebenkosten aktiviert (das wäre eigentlich die zutreffende Bilanzierungsvariante):

Waren	101.000	an	Bank	101.000

Variante 2: Einfuhrzölle werden als Aufwand gebucht und anschließend im aktivischen Rechnungsabgrenzungsposten erfasst:

Waren	100.000	an	Bank	101.000
Sonstige betriebliche Aufwendungen	1.000			

Aktive RAP	1.000	an	Sonstige betriebliche Aufwendungen	1.000

- Als Aufwand gebuchte *Umsatzsteuer auf* am Abschlussstichtag auszuweisende oder von den Vorräten offen abgesetzte *Anzahlungen* (§ 250 Abs. 1 Satz 2 Nr. 2 HGB).
- *Auszahlungsdisagien* oder *Rückzahlungsagien*, die immer dann entstehen, wenn der Rückzahlungsbetrag einer Verbindlichkeit höher als deren Ausgabebetrag ist (§ 250 Abs. 3 HGB).

5.7.2 Latente Steuern

Wie schon in Kapitel 2.4 dargelegt, sind der handelsrechtliche Jahresabschluss und die steuerrechtliche Gewinnermittlung durch das Maßgeblichkeitsprinzip der Handels- für die Steuerbilanz miteinander verbunden (§ 5 Abs. 1 EStG). Ungeachtet dessen sieht das Steuerrecht einige Ansatz- und Bewertungsregeln vor, die dazu führen, dass steuerrechtliches und handelsrechtliches Jahresergebnis voneinander abweichen können. Die Folge ist, dass der Steueraufwand, der auf Basis des steuerrechtlichen Gewinns ermittelt wird, nicht immer mit dem handelsrechtlichen Ergebnis korrespondiert.

Beispiel: Ergebnisabweichungen zwischen Handels- und Steuerbilanz

Die Edel AG bildet im Jahr 2006 in ihrem handelsrechtlichen Jahresabschluss eine Rückstellung für drohende Verluste in Höhe von 200.000 €. In der Steuerbilanz darf die Gesellschaft dagegen nicht entsprechend verfahren (§ 5 Abs. 4a EStG). Die Verluste treten im Folgejahr tatsächlich ein. Der Gewinn vor Steuern und vor Berücksichtigung der Drohverlustrückstellung beträgt in beiden Geschäftsjahren 3.200.000 €. Der Ertragsteuersatz der Edel AG liegt bei 40 %.

Werte in Tsd. €	2006		2007	
	Handels-bilanz	Steuer-bilanz	Handels-bilanz	Steuer-bilanz
Ergebnis vor Steuern und vor Rückstellungsbildung	3.200	3.200	3.200	3.200
Bildung der Rückstellung	- 200	–	–	- 200
Ergebnis vor Steuern	3.000	3.200	3.200	3.000
Tatsächlicher Steueraufwand	- 1.280	- 1.280	- 1.200	- 1.200
Ergebnis nach Steuern	**1.720**	**1.920**	**2.000**	**1.800**

Der effektive Steueraufwand des Jahres 2006 (3.200.000 € x 40 %) ergibt sich auf der Grundlage des steuerrechtlichen Gewinns von 3.200.000 € und geht in den handelsrechtlichen Jahresabschluss ein. Auf Basis des handelsrechtlichen Ergebnisses hätte sich allerdings lediglich ein Steueraufwand von 1.200.000 € (= 3.000.000 € x 40 %) ergeben. Im Verhältnis zum handelsbilanziellen Erfolg ist der Steueraufwand des Jahres 2006 also zu hoch.

Im Folgejahr kehrt sich diese Situation um: Weil der steuerrechtliche Gewinn durch die handelsrechtliche Vorwegnahme des Verlusteintritts nunmehr im Jahr 2007 niedriger ist als der handelsrechtliche Gewinn, wird im Jahresabschluss im Verhältnis zum dort abgebildeten Ergebnis eine zu geringe Steuerbelastung ausgewiesen.

Im obigen Beispiel stellt die Differenz zwischen dem effektiven Steueraufwand (der sich aus der Steuerbilanz ergibt) und dem fiktiven Steueraufwand, der sich ergeben hätte, sofern das handelsrechtliche Ergebnis Steuerbemessungsgrundlage gewesen wäre, **latente Steuern** dar:

Latente Steuern

	Fiktive Steuerbelastung auf Basis des handelsrechtlichen Ergebnisses
–	Effektive Steuerbelastung auf Basis des steuerrechtlichen Ergebnisses
=	**Latente Steuern**

Beispiel: Latente Steuern

Berücksichtigen Sie latente Steuern in dem vorangegangenen Beispiel, so muss im Jahr 06 der Steueraufwand gemindert werden. Dies geschieht durch die Erfassung von aktivischen latenten Steuern mit folgender Buchung:

| Aktivische latente Steuern | 80 | an | Steuerertrag | 80 |

Im Folgejahr wird der gebildete Steuerlatenzposten wieder aufgelöst:

| Steueraufwand | 80 | an | Aktivische latente Steuern | 80 |

Damit ergibt sich in Handels- und Steuerbilanz folgendes Bild:

Werte in Tsd. €	2006		2007	
	Handels-bilanz	Steuer-bilanz	Handels-bilanz	Steuer-bilanz
Ergebnis vor Steuern und vor Rückstellungsbildung	3.200	3.200	3.200	3.200
Bildung der Rückstellung	- 200	-	-	- 200
Ergebnis vor Steuern	3.000	3.200	3.200	3.000
Tatsächlicher Steueraufwand	- 1.280	- 1.280	- 1.200	- 1.200
Latente Steuern	+ 80		-80	
Summe Steueraufwand	- 1.200			
Ergebnis nach Steuern	**1.800**	**1.920**	**1.920**	**1.800**

Der Steueraufwand korrespondiert nun mit dem handelsrechtlichen Ergebnis und wird auf diese Weise zutreffend abgegrenzt.

Nach dem gerade dargestellten Zusammenhang müsste die Handelsbilanz also stets einen Steueraufwand zeigen, der zu seinem eigenen Ergebnis „passt". Wenn Sie sich schon einmal mit der Bilanzierungspraxis auseinandergesetzt haben, werden Sie jedoch festgestellt haben, dass dies regelmäßig eben nicht der Fall ist. Die möglichen Ursachen hierfür werden im Folgenden erläutert.

Aktivierungs-
wahlrecht

Im vorangegangenen Beispiel wurden aktivische latente Steuern gebildet, da das Handelsbilanzergebnis niedriger als das Steuerbilanzergebnis war. Für aktivische latente Steuern besteht aber keine Ansatzpflicht, sondern nur ein **Aktivierungswahlrecht** (§ 274 Abs. 2 HGB). Der Grund hierfür ist darin zu sehen, dass solche bedingten Steuererstattungsansprüche gegenüber der Finanzverwaltung keinen Vermögensgegenstand, sondern ein Abgrenzungsinstrument darstellen und es sich daher um eine bloße *Bilanzierungshilfe* handelt.

Wie bei anderen Bilanzierungshilfen greift auch beim Ansatz aktivischer latenter Steuern eine Ausschüttungssperre. Danach dürfen Gewinne nur an die Gesellschafter ausgeschüttet werden, wenn die nach der Ausschüttung verbleibenden, jederzeit auflösbaren Gewinnrücklagen zuzüglich eines Gewinnvortrags und abzüglich eines Verlustvortrags dem angesetzten Betrag mindestens entsprechen (§ 274 Abs. 2 Satz 3 HGB). Ausschüttungssperre

Passivische latente Steuern müssen Sie immer berücksichtigen, wenn das Handelsbilanzergebnis höher als das Steuerbilanzergebnis ist. Sie haben Schuldcharakter, und es besteht für sie eine **Passivierungspflicht** (§ 274 Abs. 1 HGB). Passivierungspflicht

Latente Steuern dürfen Sie nur bilden, wenn sich die auftretenden Differenzen zwischen handels- und steuerrechtlichem Ergebnis in späteren Jahren voraussichtlich wieder ausgleichen. Andernfalls stellt die Verwerfung zwischen dem handelsrechtlichen Ergebnis und dem Steueraufwand die tatsächlichen Besteuerungswirkungen zutreffend dar.

Mit Blick darauf müssen Sie zwischen zwei Arten von Abweichungen zwischen handels- und steuerrechtlichem Ergebnis unterscheiden:

1. Permanente Differenzen

Bei permanenten Differenzen kommt es im Zeitablauf zu keinem Ausgleich der handels- und steuerrechtlichen Ergebnisunterschiede. Es handelt sich um Erfolgsbestandteile, die nur in einem Rechenwerk erfasst werden, weshalb hierfür keine latenten Steuern angesetzt werden dürfen. Beispiele für permanente Differenzen sind: Kein Ergebnisausgleich

- *nicht abzugsfähige Betriebsausgaben* (z. B. 30 % der Betriebsaufwendungen i. S. d. § 4 Abs. 5 Satz 1 Nr. 2 EStG und die Hälfte der Aufsichtsratsvergütungen gemäß § 10 Nr. 4 KStG)
- *steuerfreie Erträge* (z. B. steuerfreie Investitionszulagen gemäß § 8 InvZulG)

2. Zeitliche Differenzen

Bei zeitlichen Differenzen werden die betreffenden Erträge und Aufwendungen sowohl im handelsrechtlichen Jahresabschluss als auch bei der steuerrechtlichen Gewinnermittlung berücksichtigt, jedoch zu unterschiedlichen Zeitpunkten. Bei einer Mehrperiodenbetrachtung gleichen sich die Unterschiede – wie auch das vorangegangene Beispiel gezeigt hat – wieder aus. Ausgleich im Zeitablauf

- Das steuerrechtliche Ergebnis kann zum einen *höher* als das handelsrechtliche Ergebnis sein (*aktivische latente Steuern*). Als mögliche Ursachen hierfür lassen sich folgende Ursachen nennen:
  - Bildung von Aufwandsrückstellungen im Jahresabschluss, die steuerrechtlich nicht anerkannt sind.
  - Ansatz von Drohverlustrückstellungen, den das Steuerrecht verbietet (§ 5 Abs. 4a EStG).
  - Bewertung der Vorräte in der Handelsbilanz zu Einzelkosten, während in der Steuerbilanz zusätzlich bestimmte Gemeinkosten aktiviert werden müssen (R 6.3 Abs. 1 EStR).
  - Sofortige Aufwandsverrechnung eines Disagios in der Handelsbilanz, das in der Steuerbilanz aktiviert werden muss.
  - Handelsrechtlich können Geschäfts- oder Firmenwerte sofort als Aufwand verrechnet oder über eine kürzere als die steuerrechtlich vorgeschriebene Nutzungsdauer von 15 Jahren (§ 7 Abs. 1 Satz 3 EStG) abgeschrieben werden.
  - Im Jahresabschluss können höhere Abschreibungen oder eine kürzere Nutzungsdauer angesetzt werden, die steuerrechtlich nicht anerkannt sind.
  - Steuerrechtlich ist eine Abschreibung von Finanzanlagen bei nur vorübergehender Wertminderung nicht zulässig (§ 6 Abs. 1 Nr. 1 EStG).

- Das steuerrechtliche Ergebnis kann zum anderen *niedriger* als das handelsrechtliche Ergebnis sein (*passivische latente Steuern*). Als Ursachen dafür kommen z. B. in Betracht:
  - Bewertung von Vorräten im Jahresabschluss gemäß der Fifo-Methode bei steigenden Preisen, während in der Steuerbilanz die Durchschnittsmethode angewandt wird.
  - Ansatz von Ingangsetzungs- oder Erweiterungsaufwendungen im Jahresabschluss (§ 269 HGB), der bei der steuerrechtlichen Gewinnermittlung unzulässig ist.
  - In der Handelsbilanz wird von einer längeren Nutzungsdauer von Gegenständen des Anlagevermögens ausgegangen als steuerrechtlich vorgesehen (z. B. bei Gebäuden).

Ausweis von latenten Steuern in der Bilanz

Aktivische latente Steuern können zunächst in einem gesonderten Posten *vor oder nach den Rechnungsabgrenzungsposten* ausgewiesen werden. Alternativ ist auch ein Ausweis unter den *Forderungen und sonstigen Vermögensgegenständen* möglich. Der Abgrenzungsposten muss in der Periode aufgelöst werden, in dem die Steuerentlastung tatsächlich eintritt oder mit ihr nicht mehr gerechnet wird (§ 274 Abs. 2 Satz 4 HGB).

Aktivische latente Steuern

Passivische latente Steuern können Sie entweder gesondert im Posten *Steuerrückstellungen* oder als eigenen Posten innerhalb der Rückstellungen ausweisen. Sofern keine gesonderte Angabe in der Bilanz gemacht wird, ist der Betrag im Anhang auszuweisen (§ 274 Abs. 1 Satz 1 HGB). Tritt die höhere Steuerbelastung tatsächlich ein oder wird mit ihr nicht mehr gerechnet, ist die Rückstellung aufzulösen (§ 274 Abs. 1 Satz 2 HGB).

Passivische latente Steuern

In der Gewinn-und-Verlust-Rechnung werden sowohl die Bildung als auch die Auflösung von latenten Steuern im Posten *Steuern vom Einkommen und vom Ertrag* ausgewiesen.

Beispiel: Auflösung latenter Steuern

Die Stick AG hat im Geschäftsjahr 06 Erweiterungsaufwendungen i. S. d. § 269 HGB in Höhe von 1.000.000 € aktiviert. In den Folgejahren wird dieser Posten mit je einem Viertel abgeschrieben (§ 282 HGB). Bei der steuerrechtlichen Gewinnermittlung darf die handelsrechtliche Bilanzierungshilfe nicht berücksichtigt werden. Der Ertragsteuersatz beträgt 40 %.

Jahr	Differenz Handels- und Steuerbilanzgewinn	Latente Steuern	Rückstellung für latente Steuern
06	+ 1.000.000	– 400.000	400.000
07	– 250.000	+ 100.000	300.000
08	– 250.000	+ 100.000	200.000
09	– 250.000	+ 100.000	100.000
10	– 250.000	+ 100.000	0

Die Buchung im Jahr 06 lautet:

Steueraufwand   400.000   an   Rückstellung latente Steuern   400.000

In den Folgejahren wird die Rückstellung für latente Steuern sukzessive aufgelöst, da das handelsrechtliche Jahresergebnis das Steuerbilanzergebnis unterschreitet. Folglich wird ein zu hoher Steueraufwand ausgewiesen, der durch die Auflösung der Rückstellung wieder korrigiert wird.

Rückstellung latente Steuern	100.000	an	Steuerertrag	100.000

Anwendungskreis

Die Regelungen zur latenten Steuerabgrenzung (§ 274 HGB) gelten für Kapitalgesellschaften und voll haftungsbeschränkte Personenhandelsgesellschaften. Darüber hinaus verweist auch das PublG auf diese Rechtsnorm. Für andere Personenhandelsgesellschaften und für Einzelkaufleute wird eine sinngemäße Anwendung für zulässig gehalten. Ein Zwang zur Anwendung der genannten Regeln besteht aber nicht.

Achtung:

In die latente Steuerabgrenzung dürfen nur Ertragsteuern des Unternehmens – bei Kapitalgesellschaften somit die Körperschaft- und die Gewerbesteuer (nebst Solidaritätszuschlag) – eingehen. Bei Nicht-Kapitalgesellschaften kommt nur die Berücksichtigung der Gewerbesteuer in Betracht. Für die Berechnung der latenten Steuern wird grundsätzlich der am Abschlussstichtag gültige Steuersatz herangezogen.

5.7.3 Sonderposten mit Rücklageanteil

Im handelsrechtlichen Jahresabschluss kann der Bilanzierende *Passivposten bilden, die für Zwecke der Steuern vom Einkommen und vom Ertrag zulässig sind* (§ 247 Abs. 3 HGB). Diese Passivposten sind als Sonderposten mit Rücklageanteil zwischen Eigen- und Fremdkapital (vor den Rückstellungen) auszuweisen.

Umgekehrte Maßgeblichkeit

Für Kapitalgesellschaften und voll haftungsbeschränkte Personenhandelsgesellschaften engt das Gesetz dieses Wahlrecht ein: Sie dürfen einen Sonderposten nur bei *umgekehrter Maßgeblichkeit* bilden, also mit anderen Worten nur dann, wenn der Ansatz in der Steuerbilanz zwingend eine entsprechende handelsbilanzielle Vorgehensweise vorschreibt (§ 273 HGB). In Anbetracht der umfassenden Regelung der umgekehrten Maßgeblichkeit in § 5 Abs. 1 Satz 2 EStG (vgl. Kapitel 5.2.2) entfaltet diese Einschränkung aber faktisch keine Wirkung.

Erträge aus der Auflösung des Sonderpostens mit Rücklageanteil sind in der Gewinn-und-Verlust-Rechnung im Posten *sonstige betriebliche Erträge*, Aufwendungen aus Einstellungen unter den *sonstigen betrieblichen Aufwendungen* auszuweisen. Sie sind gesondert in der Gewinn-und-Verlust-Rechnung oder im Anhang anzugeben (§ 281 Abs. 2 HGB).

Der Sonderposten mit Rücklageanteil kann grundsätzlich folgende zwei Komponenten umfassen:

1. **Steuerfreie Rücklage**
   Steuerfreie Rücklagen sind solche Rücklagen, die aus unversteuerten Gewinnen gebildet werden dürfen. Auf diese Weise werden mit der folgenden Buchung Gewinnanteile vorübergehend der Besteuerung entzogen:

   Sonstige betriebliche Aufwendungen   an   Sonderposten mit Rücklageanteil

   Dadurch wird eine *Steuerstundung* erreicht. Bei Auflösung der steuerfreien Rücklagen erhöht sich indes aufgrund der folgenden ertragswirksamen Buchung wieder das Ergebnis, was dann zur Besteuerung führt:

   Sonderposten mit Rücklageanteil   an   Sonstige betriebliche Erträge

   Zu den steuerfreien Rücklagen zählen z. B. die Ersatzbeschaffungsrücklage nach R 6.6 Abs. 1 EStR sowie die Reinvestitionsrücklage gemäß § 6b EStG.

2. **Steuerrechtliche Abschreibungen** nach § 254 HGB
   Solche steuerrechtliche Mehrabschreibungen können entweder direkt *aktivisch* vom Vermögensgegenstand abgesetzt (vgl. auch Kapitel 5.2.2) oder *passivisch* in den Sonderposten mit Rücklageanteil eingestellt werden. Wenn der Vermögensgegenstand aus dem Vermögen ausscheidet oder soweit in den Folgejahren die handelsrechtlichen Abschreibungen die steuerrechtliche AfA übersteigen, ist der Posten aufzulösen.

Das folgende Beispiel illustriert die unterschiedlichen Auswirkungen der Berücksichtigung rein steuerrechtlicher Abschreibungen auf das Jahresabschlussbild.

Beispiel: Ausweisalternativen für steuerrechtliche Abschreibungen

Eine GmbH erwirbt am 01.01.06 eine neue Maschine mit Anschaffungskosten von 100.000 €, die linear über 5 Jahre abgeschrieben werden soll. Das Steuerrecht gewährt der Gesellschaft die Möglichkeit, die stillen Reserven aus dem Verkauf der Vorgängermaschine in Höhe von 20.000 € auf die neue Maschine zu übertragen.

Die Übertragung der stillen Reserven wirkt wie eine zusätzliche Abschreibung. Der Abschreibungsausgangsbetrag reduziert sich von 100.000 € auf 80.000 €, so dass die planmäßigen Abschreibungen nur noch 16.000 € (= 80.000 € / 5 Jahre) betragen.

Den Unterschiedsbetrag zwischen der handels- und steuerrechtlichen Abschreibung können Sie in den Sonderposten mit Rücklageanteil einstellen.

Jahr	Abschreibungen		Handelsbilanzausweis	
	handelsrechtlich	steuerrechtlich	Einstellung/ Auflösung Sonderposten	Sonderposten
06	20.000	36.000	+ 16.000	16.000
07	20.000	16.000	– 4.000	12.000
08	20.000	16.000	– 4.000	8.000
09	20.000	16.000	– 4.000	4.000
10	20.000	16.000	– 4.000	0
Summe	100.000	100.000	0	

Variante 1: Sie berücksichtigen die steuerrechtliche Mehrabschreibung im Sonderposten mit Rücklageanteil. Die handelsbilanziellen Buchungen für das Jahr 06 lauten:

Maschine	100.000	an	Bank	100.000
Abschreibungen	20.000	an	Maschinen	20.000
Sonstige betriebliche Aufwendungen	16.000	an	Sonderposten mit Rücklageanteil	16.000

Variante 2: Sie nehmen die steuerrechtliche Abschreibung aktivisch vor. In diesem Fall nehmen Sie folgende handelsbilanziellen Buchungen für das Jahr 06 vor:

Maschinen	100.000	an	Bank	100.000
Abschreibungen	36.000	an	Maschinen	36.000

Beurteilung: Im Hinblick auf eine aussagekräftige Abbildung des Sachverhalts in der Rechnungslegung ist die Variante 1 vorzuziehen, da die Maschine bei Variante 2 in der Bilanz unterbewertet wird. Des Weiteren sind die Abschreibungen bei Variante 1 frei von rein steuerrechtlichen Bewertungseinflüssen.

Achtung:

Der Sonderposten mit Rücklageanteil hat sowohl Eigenkapital- als auch Fremdkapitalcharakter. Bei der ertragswirksamen Auflösung fallen Ertragsteuern in Höhe des maßgebenden Steuersatzes an. Der nach Abzug der zukünftigen Steuerbelastung verbleibende Betrag stellt den Eigenkapitalanteil dar. Für Zwecke der Bilanzanalyse wird der Sonderposten daher aufgeteilt: Die Steuerbelastung wird dem bilanzanalytischen Fremdkapital und der Restbetrag dem bilanzanalytischen Eigenkapital zugeordnet.

Eigen- und Fremdkapitalanteil

5.7.4 Mögliche Haftungsverpflichtungen

Unter der Bilanz (weshalb im engeren Sinne nicht von einem Bilanzposten gesprochen werden kann) sind bestimmte Haftungsverhältnisse zu vermerken (§ 251 HGB). Diese oft auch als **Eventualverbindlichkeiten** bezeichneten Sachverhalte erfüllen zwar nicht die Voraussetzungen für den Ansatz einer Verbindlichkeit oder einer Rückstellung, können aber bei Eintritt bestimmter Umstände zu einer Verpflichtung des Unternehmens führen. Kapitalgesellschaften und voll haftungsbeschränkte Personenhandelsgesellschaften können diese Angabe auch im Anhang machen (§ 268 Abs. 7 HGB).

Eventualverbindlichkeiten

Angaben zu Haftungsverhältnissen

Im Einzelnen werden Angaben zu folgenden Haftungsverhältnissen gefordert:

- Verbindlichkeiten aus der Begebung und Übertragung von Wechseln
- Verbindlichkeiten aus Bürgschaften, Wechsel- und Scheckbürgschaften
- Verbindlichkeiten aus Gewährleistungsverträgen
- Haftung aus der Bestellung von Sicherheiten für fremde Verbindlichkeiten

Die Haftungsverhältnisse können nach § 251 HGB grundsätzlich zusammen in einem Betrag genannt werden. Kapitalgesellschaften und voll haftungsbeschränkte Personenhandelsgesellschaften sind davon abweichend verpflichtet, eine Unterteilung nach den oben genannten Gruppen vorzunehmen, für jeden einzelnen dieser Posten die bestehenden Sicherheiten zu nennen und Verpflichtungen gegenüber verbundenen Unternehmen gesondert anzugeben (§ 268 Abs. 7 HGB). Etwaige Rückgriffsrechte brauchen nicht unter der Bilanz vermerkt zu werden. Ebenso ist eine Saldierung mit den Haftungsverhältnissen unzulässig.

Unter den **Verbindlichkeiten aus der Begebung und Übertragung von Wechseln** sind alle weitergegebenen, am Abschlussstichtag aber weder eingelösten noch fälligen Wechsel zu berücksichtigen. Somit werden alle eventuellen Haftungen als Aussteller oder Indossant erfasst. Angabepflichtig ist die Wechselsumme ohne Nebenkosten.

Der Umfang sämtlicher Bürgschaften ist unter den **Verbindlichkeiten aus Bürgschaften, Wechsel- und Scheckbürgschaften** zu erfassen.

Unter die **Verbindlichkeiten aus Gewährleistungsverträgen** fallen:
- Gewährleistungen für eigene Leistungen
  Ein vermerkpflichtiger Vorgang liegt z. B. vor, wenn eine Garantiezusage über gesetzliche und branchenübliche Gewährleistungsverpflichtungen hinausgeht.
- Gewährleistungen für fremde Leistungen
  Dazu zählt z. B. die Verpflichtung gegenüber einem Gläubiger, auf dessen Verlangen jederzeit eine Bürgschaft zu übernehmen und die Verpflichtung, einen Schuldner finanziell so auszustatten, dass er in der Lage ist, seinen Verpflichtungen nachzukommen (so genannte *Patronatserklärung*).
- Sonstige Gewährleistungen
  Hierzu gehören z. B. Kurs- oder Rentabilitätsgarantien, mit der sich das garantierende Unternehmen (Mutterunternehmen) verpflichtet, sein Tochterunternehmen so auszustatten, dass es in der Lage ist, eine bestimmte Mindestdividende auszuschütten.

Unter den **Haftungsverhältnissen aus der Bestellung von Sicherheiten für fremde Verbindlichkeiten** sind Grundpfandrechte, Verpfändungen beweglicher Sachen oder Rechte sowie Sicherungsübereignungen und -abtretungen für Verpflichtungen Dritter auszuweisen.

6 Die Gewinn-und-Verlust-Rechnung

6.1 Ziele der Gewinn-und-Verlust-Rechnung

Den Erfolg, den ein Unternehmen während einer Berichtsperiode erwirtschaftet hat, können Sie aus der Bilanz ableiten. Er ergibt sich als Veränderung der Höhe des Reinvermögens bzw. Eigenkapitals zwischen zwei Abschlussstichtagen unter Eliminierung von privaten (Einlagen, Entnahmen) oder gesellschaftsrechtlichen (z. B. Gewinnausschüttungen, Kapitalerhöhungen) Vorgängen.

Die Bilanz gibt Ihnen somit zwar Auskunft über die Höhe des Erfolgs, jedoch keinen detaillierten Einblick in die zu Grunde liegenden Erfolgsquellen und -ursachen. Das folgende Beispiel soll Ihnen dies illustrieren: Erfolgsursachen

Beispiel:

Die Edel AG und die Stick AG sind Handelsunternehmen, deren Gegenstand der Ein- und Verkauf von Textilien ist. Beide Unternehmen erwirtschaften im laufenden Geschäftsjahr einen Jahresüberschuss in Höhe von 3 Mio. €.

	Edel AG	Stick AG
Umsatzerlöse	4.000.000	2.000.000
Sonstige betriebliche Erträge		1.600.000
Materialaufwand	500.000	300.000
Personalaufwand	500.000	300.000
Jahresüberschuss	3.000.000	3.000.000

Dem Anhang der Stick AG können Sie entnehmen, dass der sonstige betriebliche Ertrag aus dem Verkauf eines Grundstücks über dessen Restbuchwert resultiert.

Die Frage ist, ob beide Unternehmen eine gleich hohe Ertragskraft aufweisen. Mit anderen Worten: Würden Sie nach diesen Informationen eher in die Edel AG oder in die Stick AG investieren?

Obwohl der Jahresüberschuss der Stick AG dem der Edel AG entspricht, wird ein Analyst die Ertragslage der Edel AG positiver beurteilen:

Analyse der Ertragslage: Die Edel AG erzielt ihre Erträge ausschließlich aus der eigentlichen Geschäftätigkeit, dem Verkauf von Waren (Umsatzerlöse). Dagegen fallen die Umsatzerlöse der Stick AG wesentlich geringer aus. Sie können davon ausgehen, dass die Stick AG nicht jedes Jahr ein Grundstück verkaufen wird. Es handelt sich also um einen atypischen Ertrag, der unter den sonstigen betrieblichen Erträgen erfasst wird. Der *nachhaltig erzielbare Jahresüberschuss* ist damit tendenziell niedriger einzuschätzen als bei der Edel AG.

Analyse der Aufwandsstruktur: Bei der Analyse der Aufwandsstruktur fällt des Weiteren auf, dass die Stick AG eine höhere *Material- und Personalaufwandsquote* aufweist als die Edel AG. Dies kann ein Anzeichen für ein höheres Preisniveau der bezogenen Textilien sowie ein höheres Lohnniveau sein. Die genannten Quoten berechnen sich wie folgt:

Materialaufwand / Umsatzerlöse = 15 % (Stick AG) bzw. 12,5 % (Edel AG)

Personalaufwand / Umsatzerlöse = 15 % (Stick AG) bzw. 12,5 % (Edel AG)

Fazit

Einen fundierten Einblick in die **Ertragslage** eines Unternehmens kann Ihnen damit nur die Gewinn-und-Verlust-Rechnung gewähren. Der Gesetzgeber schreibt daher vor, dass alle Kaufleute eine Gewinn-und-Verlust-Rechnung aufstellen müssen, in der die angefallenen Aufwendungen und Erträge gegenübergestellt werden (§ 242 Abs. 2 HGB). Im Gegensatz zur Bilanz, die stichtagsbezogen die Vermögensgegenstände und Schulden des Bilanzierenden abbildet, ist die Gewinn-und-Verlust-Rechnung also eine Zeitraumrechnung.

6.2 Die gesetzliche Struktur der GuV

Gesamtkosten- und Umsatz- kostenverfahren

Die Gewinn-und-Verlust-Rechnung von Kapitalgesellschaften und voll haftungsbeschränkten Personenhandelsgesellschaften ist in *Staffelform* aufzustellen. Sie können dabei zwischen dem **Gesamtkostenverfahren** (GKV) und dem **Umsatzkostenverfahren** (UKV) wählen (§ 275 Abs. 1 HGB). Aufwendungen und Erträge dürfen bei beiden Verfahren grundsätzlich nicht miteinander verrechnet werden (Saldierungsverbot des § 246 Abs. 2 HGB).

Zwischen GKV und UKV bestehen zwei wesentliche strukturelle Unterschiede:

• Beim GKV sind die Aufwendungen primär nach Aufwandsarten gegliedert, während das UKV eine grundsätzliche Gliederung nach Funktionsbereichen des Unternehmens (Produktion, Verwaltung etc.) vorsieht.

• Beim GKV werden die Erträge an das vorgegebene Mengengerüst der Aufwendungen angepasst, während beim UKV die Aufwendungen auf das vorgegebene Mengengerüst der Erträge abstellen.

Achtung:
GKV und UKV sind reine Darstellungsalternativen. Unter sonst gleichen Bedingungen unterscheidet sich die Höhe des Jahreserfolgs bei den beiden Verfahren nicht. Lassen Sie sich also durch die Begriffe nicht verwirren.

Beim GKV gehen Sie von den gesamten im jeweiligen Geschäftsjahr entstandenen Aufwendungen aus. Der Ausweis der Aufwandsposten ist folglich **periodenbestimmt**. Dabei ist es unbeachtlich, ob die Aufwendungen Produkte betreffen, die während der Periode verkauft oder auf Lager genommen worden sind. Diesen Periodenaufwendungen stellen Sie die Umsatzerlöse, Bestandsveränderungen und die anderen aktivierten Eigenleistungen gegenüber. Mit den Posten *Bestandsveränderungen* und *andere aktivierte Eigenleistungen* passen Sie die Erträge an das vorgegebene Mengengerüst der Periodenaufwendungen an. *(Gesamtkostenverfahren)*

Gesamtkostenverfahren	
Periodenaufwendungen	Umsatzerlöse
	Bestandserhöhungen
	Andere aktivierte Eigenleistungen
Jahresüberschuss	

Gesamtkostenverfahren	
Periodenaufwendungen	Umsatzerlöse
Bestandsminderungen	Andere aktivierte Eigenleistungen
Jahresüberschuss	

Beim UKV gehen Sie nicht von den Periodenaufwendungen, sondern von den Umsatzerlösen des Geschäftsjahrs aus. Dem vorgegebenen *(Umsatzkostenverfahren)*

159

Mengengerüst der Erträge gleichen Sie nun die Aufwendungen an: Sie stellen den Umsatzerlösen grundsätzlich nur die für die tatsächlich abgesetzten Produkte bzw. Leistungen entstandenen Aufwendungen gegenüber. Die Aufwendungen werden unabhängig davon ausgewiesen, ob sie im Geschäftsjahr oder in früheren Geschäftsjahren angefallen sind. Der Ausweis der Aufwendungen ist daher **umsatzbestimmt**. Die Posten *Bestandsveränderungen* und *andere aktivierte Eigenleistungen* werden im Umsatzkostenverfahren daher nicht als eigenständige Posten erfasst.

Umsatzkostenverfahren	
Periodenaufwendungen	Umsatzerlöse
- Bestandserhöhungen	
+ Bestandsverminderungen	
- andere aktivierte Eigenleistungen	
= Umsatzaufwand	
Jahresüberschuss	

Aufwands-
gliederung

Ein weiterer Unterschied zwischen den beiden Verfahren liegt in der Aufwandsgliederung. Beim GKV werden die Aufwendungen primär nach **Aufwandsarten** gegliedert:
- Materialaufwand
- Personalaufwand
- Abschreibungen
- Sonstige betriebliche Aufwendungen

Beim UKV dagegen erfolgt die Gliederung der Aufwendungen nach den **Funktionsbereichen** des Unternehmens:
- Herstellungskosten
- Vertriebskosten
- Allgemeine Verwaltungskosten

Jahresergebnis
ist gleich

Das Jahresergebnis ist – wie bereits erwähnt – bei beiden Verfahren identisch. Es wird bei beiden Darstellungsformen in drei Komponenten aufgespalten:
1. Ergebnis der gewöhnlichen Geschäftstätigkeit
   – Betriebsergebnis
   – Finanzergebnis
2. Außerordentliches Ergebnis
3. Steuern

Die beschriebenen Unterschiede zwischen Gesamt- und Umsatzkostenverfahren beziehen sich nur auf solche Posten, die in direktem Zusammenhang zum Umsatz stehen. Bei einem Vergleich der einzelnen Posten in der nachfolgenden Übersicht können Sie erkennen, dass sich Unterschiede nur in der Darstellung des Betriebsergebnisses ergeben.

Die Gewinn-und-Verlust-Rechnung besteht bei Kapitalgesellschaften, voll haftungsbeschränkten Personenhandelsgesellschaften und Unternehmen, die unter den Anwendungsbereich des Publizitätsgesetzes fallen, aus den nachfolgend aufgeführten Posten (§§ 275, 277 Abs. 3 HGB).

Übersicht: Gesamtkosten- und Umsatzkostenverfahren

Gesamtkosten-verfahren	Umsatzkosten-verfahren		
Umsatzerlöse	Umsatzerlöse		
+/- Erhöhung oder Verminderung des Bestands an fertigen und unfertigen Erzeugnissen	- Herstellungskosten der zur Erzielung der Umsatzerlöse erbrachten Leistungen	Betriebs-ergebnis	Ergebnis der gewöhnlichen Geschäftstätigkeit
+ Andere aktivierte Eigenleistungen	= Bruttoergebnis vom Umsatz		
+ Sonstige betriebliche Erträge	- Vertriebskosten		
- Materialaufwand	- Allgemeine Verwaltungskosten		
- Personalaufwand	+ Sonstige betriebliche Erträge		
- Abschreibungen			
- Sonstige betriebliche Aufwendungen	- Sonstige betriebliche Aufwendungen		
+ Erträge aus Beteiligungen	+ Erträge aus Beteiligungen		
+ Erträge aus anderen Wertpapieren und Ausleihungen des Finanzanlagevermögens	+ Erträge aus anderen Wertpapieren und Ausleihungen des Finanzanlagevermögens		
+ Erträge aus Gewinnabführungen	+ Erträge aus Gewinnabführungen		
+ Sonstige Zinsen und ähnliche Erträge	+ Sonstige Zinsen und ähnliche Erträge		

Gesamtkosten-verfahren	Umsatzkosten-verfahren		
- Abschreibungen auf Finanzanlagen und auf Wertpapiere des Umlaufvermögens	- Abschreibungen auf Finanzanlagen und auf Wertpapiere des Umlaufvermögens	**Finanz-ergebnis**	
- Zinsen und ähnliche Aufwendungen	- Zinsen und ähnliche Aufwendungen		
- Aufwendungen aus Verlustübernahme	- Aufwendungen aus Verlustübernahme		
= Ergebnis der gewöhnlichen Geschäftstätigkeit	= Ergebnis der gewöhnlichen Geschäftstätigkeit		
+ Außerordentliche Erträge	+ Außerordentliche Erträge		
- Außerordentliche Aufwendungen	- Außerordentliche Aufwendungen	**Außerordentliches Ergebnis**	
= Außerordentliches Ergebnis	= Außerordentliches Ergebnis		
- Steuern vom Einkommen und vom Ertrag	- Steuern vom Einkommen und vom Ertrag	**Steuern**	
- Sonstige Steuern	- Sonstige Steuern		
+ Erträge aus der Verlustübernahme	+ Erträge aus der Verlustübernahme	**Abgeführte Gewinne/ Erträge aus Verlust-übernahmen**	
- Aufgrund von Gewinnabführungsverträgen abgeführte Gewinne	- Aufgrund von Gewinnabführungsverträgen abgeführte Gewinne		
= Jahresüberschuss bzw. -fehlbetrag	= Jahresüberschuss bzw. -fehlbetrag	**Jahresergebnis**	

Für kleine und mittelgroße Gesellschaften sieht § 276 HGB bestimmte Darstellungserleichterungen vor.

GKV oder UKV – Welches Verfahren ist vorteilhaft?

Für die Entscheidung, welches Verfahren bei der Aufstellung der Gewinn-und-Verlust-Rechnung im Einzelfall vorzuziehen ist, sind folgende Überlegungen anzustellen:

- Das GKV zeigt die wesentlichen Aufwandsarten (Material-, Personalaufwand und Abschreibungen). Die betreffenden Posten können direkt der Buchhaltung entnommen werden. Demgegenüber werden beim UKV die betrieblichen Aufwendungen nach Funktionsbereichen gegliedert. Die Aufwendungen können nicht direkt aus der Buchhaltung entnommen werden, sondern müssen erst über deren Kostenstellenzuordnung den einzelnen Funktionsbereichen zugeordnet werden. Der Arbeitsaufwand für die Aufstellung der Gewinn-und-Verlust-Rechnung ist daher höher. Allerdings erhält der Abschlussadressat einen Einblick in die Kostenstruktur. Hieraus wird üblicherweise ein höherer Informationswert des UKV abgeleitet.

• Das GKV gibt die Gesamtleistung der Periode an: Umsatzerlöse + Bestandsveränderungen + andere aktivierte Eigenleistungen. Beim UKV wird dagegen das Bruttoergebnis vom Umsatz und damit die Rohgewinnmarge ausgewiesen: Umsatzerlöse – Herstellungskosten.

• Das GKV zeigt alle in der Periode angefallenen produktionsbezogenen Aufwendungen. Beim UKV werden dagegen die Herstellungsaufwendungen bezogen auf den Umsatz ausgewiesen.

• Das GKV ist das in Deutschland gebräuchlichere Verfahren. Allerdings haben in den vergangenen Jahren insbesondere börsennotierte Unternehmen auf das international gebräuchlichere UKV umgestellt.

6.3 Die Einzelposten der Gewinn-und-Verlust-Rechnung

Nachdem Sie nun die konzeptionellen Unterschiede zwischen Gesamtkosten- und Umsatzkostenverfahren kennen, werden im Folgenden die Inhalte der einzelnen Posten der Gewinn-und-Verlust-Rechnung näher erläutert.

Inhalte der GuV

6.3.1 Gesamtkostenverfahren

Umsatzerlöse

Unter den Umsatzerlösen erfassen Sie die Erlöse aus der regulären operativen Geschäftstätigkeit abzüglich Umsatzsteuer und Erlösschmälerungen (z. B. Skonti, Boni und Rabatte).

Erhöhung oder Verminderung des Bestands an fertigen und unfertigen Erzeugnissen

Dieser Posten beinhaltet die Differenz zwischen den Bestandswerten der unfertigen und fertigen Erzeugnisse in der Bilanz zum Abschlussstichtag und zum vorangegangenen Abschlussstichtag. Ursachen für Bestandsänderungen können sowohl mengenmäßige als auch wertmäßige Änderungen sein:

- Bestandsauf- oder -abbau
- Schwund, Verderben
- Veränderungen in den Herstellungskosten
- außerplanmäßige Abschreibungen
- Zuschreibungen

Achtung:

Wert- und Mengenänderungen bei den Waren sowie den Roh-, Hilfs- und Betriebsstoffen werden nicht unter den Bestandsveränderungen, sondern im Posten *Materialaufwand* ausgewiesen.

Andere aktivierte Eigenleistungen

Dieser Posten ergibt sich aus der Aktivierung von selbst erbrachten Leistungen im Anlagevermögen, für die die Aufwendungen unter den verschiedenen Aufwandsposten erfasst sind. Ebenso wie der Posten *Bestandsveränderungen* ist auch dieser Posten durch die Konzeption der Gewinn-und-Verlust-Rechnung nach GKV bedingt: Sämtliche Periodenaufwendungen sind unsaldiert auszuweisen.

Beispiel: Andere aktivierte Eigenleistungen

Die Mann AG stellt eine Maschine her, die anschließend für eigene Produktionszwecke eingesetzt werden soll. Die Herstellungskosten betragen 1 Mio. €. Die Maschine wird im Anlagevermögen aktiviert. Die dafür entstandenen Aufwendungen müssen in der Gewinn-und-Verlust-Rechnung neutralisiert werden. Dies geschieht mithilfe des Postens *andere aktivierte Eigenleistungen*. Die Aufwendungen haben damit zunächst keinen Einfluss auf den Jahreserfolg, da der Herstellungsvorgang zunächst erfolgsneutral ist.

Die Buchungen lauten:

Diverse Aufwendungen	an	Diverse Konten (Bank, Verbindlichkeiten aus Lieferungen u. Leistungen etc.)
Maschine	an	Andere aktivierte Eigenleistungen

Neben den Aufwendungen für innerbetriebliche Leistungen im Anlagevermögen (selbsterstellte Bauten, Werkzeuge, Maschinen etc.) fallen auch die ggf. aktivierten Aufwendungen für die Ingangsetzung und Erweiterung des Geschäftsbetriebs unter die anderen aktivierten Eigenleistungen.

Sonstige betriebliche Erträge

Die sonstigen betrieblichen Erträge sind ein Sammelposten, in den sämtliche mit der gewöhnlichen Geschäftstätigkeit zusammenhängende Erträge eingehen, die nicht betriebstypisch sind. Dazu gehören z. B. Erträge aus

Sammelposten

- dem Abgang von Gegenständen des Anlagevermögens,
- Zuschreibungen zu Gegenständen des Anlagevermögens,
- der Herabsetzung von Pauschalwertberichtigungen,
- der Auflösung von Rückstellungen,
- der Auflösung des Sonderpostens mit Rücklageanteil.

Achtung:
Erträge aus der Auflösung von Rückstellungen berücksichtigen Sie in der Regel nur dann unter den sonstigen betrieblichen Erträgen, soweit die Beträge nicht bestimmungsgemäß in Anspruch genommen werden.

Materialaufwand

Der Posten ist nach § 275 Abs. 2 HGB in folgende Unterposten zu unterteilen:

- Aufwendungen für Roh-, Hilfs- und Betriebsstoffe und für bezogene Waren
  Es sind alle bezeichneten Aufwendungen auszuweisen, auch wenn diese für Verwaltung und Vertrieb anfallen.
- Aufwendungen für bezogene Leistungen
  An dieser Stelle sind dem Materialaufwand gleichzusetzende Aufwendungen für Fremdleistungen zu erfassen. Dazu zählen etwa Fertigungslizenzen, Fremdreparaturen, Aufwendungen für Leiharbeiter oder Entwurfs- bzw. Konstruktionsdienstleistungen, bezogene Leistungen für Forschung und Entwicklung sowie für Verwaltung und Vertrieb.

Personalaufwand

Der Posten umfasst nach § 275 Abs. 2 HGB folgende Unterposten:

• Löhne und Gehälter

Es sind die Bruttobeträge einschließlich der Lohnsteuer und der Arbeitnehmeranteile zur Sozialversicherung auszuweisen. Zu den Löhnen und Gehältern rechnen alle Arten von Bezügen der Mitarbeiter des Bilanzierenden, d. h. auch Sachleistungen, wie z. B. die unentgeltliche Nutzung eines Firmenwagens zu privaten Zwecken. Die vom Arbeitgeber zu tragenden Anteile an den Sozialabgaben sind nicht an dieser Stelle zu erfassen.

Achtung:
Aufwendungen für Aufsichtsratsmitglieder, für selbstständige Handelsvertreter oder für von anderen Unternehmen zur Verfügung gestellte Arbeitskräfte werden unter den sonstigen betrieblichen Aufwendungen bzw. dem Materialaufwand berücksichtigt.

• Soziale Abgaben und Aufwendungen für Altersversorgung und für Unterstützung, davon für Altersversorgung

Unter diesem Posten weisen Sie *erstens* die gesetzlichen Pflichtabgaben zur Sozialversicherung (Arbeitgeberanteile) aus. Dazu gehören:

– Arbeitgeberanteile zur Sozialversicherung (Renten-, Kranken-, Arbeitslosen- und Pflegeversicherung)
– Beiträge an die Berufsgenossenschaft

Zweitens erfassen Sie an dieser Stelle Aufwendungen für Unterstützungsleistungen, die den Mitarbeitern freiwillig und damit nicht für eine Gegenleistung gezahlt werden. Hierzu zählen z. B.:

– Krankheits- und Unfallunterstützungsleistungen
– übernommene Arzt- und Kurkosten
– Heirats- und Geburtsbeihilfen
– Unterstützungszahlungen an Hinterbliebene

Drittens weisen Sie unter diesem Posten etwaige Aufwendungen für Altersversorgung aus, wie z. B.:

– Pensionszahlungen, soweit sie nicht zulasten der Pensionsrückstellungen gebucht werden
– Zuführungsbeträge zu den Pensionsrückstellungen

- Beiträge an den Pensionssicherungsverein
- Zuweisungen an Unterstützungs- und Pensionskassen sowie an Pensionsfonds und vom Unternehmen übernommene Lebensversicherungsprämien

Achtung:

Den Zinsanteil der Zuführungen zu den Pensionsrückstellungen können Sie alternativ unter den Posten *Personalaufwand* oder *Zinsen und ähnliche Aufwendungen* ausweisen. Der Zinsanteil stellt die Verzinsung der am Beginn des Geschäftsjahrs vorhandenen Pensionsrückstellung dar. Er entspricht damit der Vergütung für die Kreditierung des Versorgungsanspruchs bis zur Fälligkeit der Pensionszahlungen. Die Wahl des Ausweises des Zinsaufwands kann gravierende Auswirkungen auf das Betriebsergebnis und die Gesamtkapitalrentabilität des Unternehmens haben.

Beispiel: Zuführungen zu den Pensionsrückstellungen in der Bilanzanalyse

Die Zuführungen zu den Pensionsrückstellungen der A-AG im Geschäftsjahr 06 beinhalten einen Zinsanteil in Höhe von 982 Mio. €. Das Gesamtkapital der Gesellschaft für das Geschäftsjahr beläuft sich auf 81.977 Mio. €, und die sonstigen Zinsaufwendungen betragen 700 Mio. €.

Je nachdem, ob der Zinsanteil der Pensionsrückstellungszuführungen unter dem Posten *Personalaufwand* oder unter dem Posten *Zinsen und ähnliche Aufwendungen* gezeigt wird, ergeben sich in der Gewinn-und-Verlust-Rechnung folgende Zwischensummen:

Posten	Variante 1: Ausweis im Personalaufwand		Variante 2: Ausweis im Zinsaufwand	
	in Mio. €	in %	in Mio. €	in %
Betriebsergebnis	1.146	44	164	6
Beteiligungsergebnis	496	19	496	19
Zinsergebnis	700	27	1.682	65
Übriges Finanzergebnis	260	10	260	10
Jahresüberschuss vor Steuern	2.602	100	2.602	100

Neben dem höheren Betriebsergebnis bei Ausweis des Zinsanteils unter dem Posten *Zinsen und ähnliche Aufwendungen* hat die Variante 2 auch eine wesentlich höhere Gesamtkapitalrentabilität zur Folge: Bei anderen Zinsaufwendungen in Höhe von 700 Mio. € führt Variante 2 zu einem Gesamtzinsaufwand von 1.682 Mio. €. Addieren Sie diesen Betrag zum Jahresüberschuss vor Steuern, der 2.602 Mio. € beträgt, und setzen Sie die Summe in Relation zum ausgewiesenen Gesamtkapital in Höhe von 81.977 Mio. €, ergibt sich eine Gesamtkapitalrentabilität vor Steuern von 5,2 %.

Ohne den Zinsanteil der Zuführungen zu den Pensionsrückstellungen würde sich der gesamte Zinsaufwand gerade auf 700 Mio. € belaufen, womit eine Gesamtkapitalrentabilität vor Steuern von 4,0 % einhergeht.

Die Maßnahme, den Zinsanteil der Zuführungen zu den Pensionsrückstellungen nicht als Personal-, sondern als Zinsaufwand auszuweisen, hat also eine Zunahme der Gesamtkapitalrentabilität vor Steuern in Höhe von 30 % bewirkt.

Abschreibungen

Die Abschreibungen sind nach § 275 Abs. 2 HGB in zwei Gruppen zu unterteilen:

• Abschreibungen auf immaterielle Vermögensgegenstände des Anlagevermögens und Sachanlagen sowie auf aktivierte Aufwendungen für die Ingangsetzung und Erweiterung des Geschäftsbetriebs

• Abschreibungen auf Vermögensgegenstände des Umlaufvermögens, soweit diese die in der Gesellschaft üblichen Abschreibungen überschreiten

Dazu zählen z. B. Abschreibungen auf den nahen Zukunftsschwankungswert (§ 253 Abs. 3 Satz 3 HGB) oder den Wert nach vernünftiger kaufmännischer Beurteilung (§ 253 Abs. 4 HGB).

Die Beträge der außerplanmäßigen und der steuerrechtlichen Abschreibungen, die im Abschreibungsposten enthalten sind, müssen Sie gesondert ausweisen oder im Anhang angeben (§§ 277 Abs. 3, 281 Abs. 2 HGB).

Sonstige betriebliche Aufwendungen

Bei den sonstigen betrieblichen Aufwendungen handelt es sich wie schon bei den sonstigen betrieblichen Erträgen um einen Sammelposten für alle Aufwendungen, die mit der gewöhnlichen Geschäftstätigkeit zusammenhängen und unter keinen der anderen gesonderten Aufwandsposten fallen. Z. B. umfasst dieser Posten folgende Aufwendungen:

Sammelposten

- Verluste aus dem Abgang von Vermögensgegenständen des Anlagevermögens
- Verluste aus dem Abgang von Gegenständen des Umlaufvermögens (außer Vorräte)
- Abschreibungen auf Forderungen und sonstige Vermögensgegenstände
- Einstellungen in den Sonderposten mit Rücklageanteil

Erträge aus Beteiligungen, davon aus verbundenen Unternehmen

Die Berücksichtigung von Erträgen an dieser Stelle setzt voraus, dass die zu Grunde liegende Beteiligung als solche in der Bilanz ausgewiesen wird. Abzustellen ist dabei stets auf die Bruttoerträge (vor etwaigen Steuerabzugsbeträgen, wie z. B. Kapitalertragsteuer). Als Erträge aus Beteiligungen werden insbesondere erfasst:

- Dividendenerträge aus Beteiligungen an Kapitalgesellschaften
- Gewinnanteile von Personengesellschaften

Erträge aus verbundenen Unternehmen sind gesondert zu vermerken (zur Abgrenzung verbundener Unternehmen vgl. Kapitel 5.2.1).

> **Achtung:**
> Gewinne aus der Veräußerung von Beteiligungen fallen unter den Posten *sonstige betriebliche Erträge*, da es sich um Erträge aus dem Abgang von Gegenständen des Anlagevermögens handelt.

Erträge aus anderen Wertpapieren und Ausleihungen des Finanzanlagevermögens, davon aus verbundenen Unternehmen

Hierzu gehören Erträge, die aus Ausleihungen und sonstigen Wertpapieren des Anlagevermögens stammen:

- Zins- und Dividendenerträge aus Wertpapieren, die nicht unter dem Bilanzposten *Beteiligungen* erfasst werden

• Zinserträge aus Darlehen und sonstigen Ausleihungen des Finanzanlagevermögens

Bruttoprinzip Der Ausweis hat ebenfalls nach dem Bruttoprinzip zu erfolgen. Erträge aus verbundenen Unternehmen sind gesondert zu vermerken.

Sonstige Zinsen und ähnliche Erträge, davon aus verbundenen Unternehmen

Hier weisen Sie Zinsen und Dividenden aus Wertpapieren des Umlaufvermögens, Zinsen aus Bankguthaben, Zinsen auf Forderungen etc. aus. Zu den ähnlichen Erträgen gehören Erträge aus einem Disagio, für Kreditgarantien oder Provisionen. Erträge aus verbundenen Unternehmen sind auch an dieser Stelle gesondert zu vermerken.

Abschreibungen auf Finanzanlagen und auf Wertpapiere des Umlaufvermögens

Unter diesem Posten erfassen Sie sämtliche den Finanzbereich betreffende Abschreibungen, seien es Abschreibungen auf Finanzanlagen oder übliche Abschreibungen auf Wertpapiere des Umlaufvermögens.

Zinsen und ähnliche Aufwendungen, davon an verbundene Unternehmen

Hierunter fallen insbesondere:

• Zinsen für Bankkredite
• Abschreibungen auf ein aktiviertes Disagio
• Kredit-, Bürgschafts-, Überziehungsprovisionen
• der Zinsanteil der Zuführungen zu den Pensionsrückstellungen bei Inanspruchnahme des Wahlrechts, diesen nicht im Personalaufwand auszuweisen

Aufwendungen, die an verbundene Unternehmen fließen, sind gesondert zu vermerken.

Außerordentliche Erträge und Aufwendungen

Die außerordentlichen Posten sind sehr restriktiv definiert (§ 277 Abs. 4 HGB). Die Erträge und Aufwendungen müssen sowohl **untypisch** für die Tätigkeit des Unternehmens sein als auch **sehr selten** bzw. unregelmäßig auftreten. In Betracht kommen:

- Ergebnisse aus der Veräußerung von (Teil-)Betrieben oder wesentlichen Beteiligungen
- Aufwendungen in Katastrophenfällen
- Aufwendungen bei Sanierungsmaßnahmen

Steuern vom Einkommen und vom Ertrag
Bei Einzelkaufleuten und Personenhandelsgesellschaften haben Sie hier die Gewerbesteuer auszuweisen. Bei Kapitalgesellschaften sind zusätzlich die Körperschaftsteuer und der Solidaritätszuschlag zu erfassen.

Der Ertragsteueraufwand setzt sich aus den tatsächlichen und den latenten Ertragsteuern zusammen. Er beinhaltet sowohl die Steuern, die das aktuelle Geschäftsjahr betreffen, als auch Nachzahlungen oder Erstattungen für vergangene Geschäftsjahre. Steueraufwendungen und -erträge dürfen dabei verrechnet werden. *Tatsächliche und latente Steuern*

Steuerstrafen und Säumniszuschläge werden unter den sonstigen betrieblichen Aufwendungen bzw. den sonstigen Zinsen und ähnlichen Aufwendungen berücksichtigt.

Sonstige Steuern
Unter diesen Posten fallen alle sonstigen Steuern, vor allem Verbrauchsteuern, Kraftfahrzeugsteuer, Grundsteuer und Versicherungssteuer.

Erträge aus der Verlustübernahme
Bei Beherrschungs- und Gewinnabführungsverträgen besteht die Verpflichtung, dass die Muttergesellschaft die Jahresfehlbeträge der Tochtergesellschaft ausgleichen muss (§ 302 AktG). Bei der Tochtergesellschaft werden diese Beträge unter dem Posten *Erträge aus der Verlustübernahme* erfasst. Das Mutterunternehmen weist die zu übernehmenden Beträge ebenfalls gesondert als *Aufwendungen aus Verlustübernahme* aus.

Aufgrund von Gewinnabführungsverträgen an ein anderes Unternehmen abgeführte Gewinne sind ebenfalls gesondert vor dem Jahresüberschuss/-fehlbetrag zu zeigen.

6.3.2 Umsatzkostenverfahren

Erhebliche Unterschiede zwischen Gesamt- und Umsatzkostenverfahren treten bei den folgenden Posten auf:

Herstellungskosten der zur Erzielung der Umsatzerlöse erbrachten Leistungen

In diesem Posten erfassen Sie sämtliche dem Funktionsbereich *Herstellung* zuzurechnenden Aufwendungen des Geschäftsjahrs. Dazu zählen insbesondere die Material- und Personalaufwendungen sowie Abschreibungen und Zuschreibungen, die den Produktionsbereich betreffen.

Achtung:

Aktiviert ein Unternehmen bei Aufbau von Lagerbeständen nicht alle produktionsbezogenen Aufwendungen in den Herstellungskosten der unfertigen oder fertigen Erzeugnisse in der Bilanz, so müssen die nicht aktivierten Teile der Herstellungsaufwendungen im Posten *Herstellungskosten der zur Erzielung der Umsatzerlöse erbrachten Leistungen* berücksichtigt werden.

Beispiel:

Die S-AG stellt im Geschäftsjahr 06 von einem ihrer Produkte 100 Einheiten her. Es wird ausschließlich auf Lager produziert. Die fertigen Erzeugnisse werden zur Wertuntergrenze des § 255 Abs. 2 HGB (nur Einzelkosten) aktiviert. Die Materialeinzelkosten pro Stück betragen 20 €. Die Gemeinkosten werden wie folgt in der Kostenstellenrechnung auf die einzelnen Funktionsbereiche verteilt:

Kostenart (alle Werte in €)		Kostenstellen		
		Material/ Fertigung	Verwaltung	Vertrieb
Materialeinzelkosten	2.000			
Materialaufwand	1.000	1.000	0	0
Personalaufwand	1.000	400	600	0
Abschreibungen	300	200	100	0
Sonstige betriebliche Aufwendungen	300	100	200	0
Summe Gemeinkosten	**2.600**	**1.700**	**900**	**0**

Die Herstellungskosten betragen (§ 255 Abs. 2 HGB):

Materialeinzelkosten	20 €
Wertuntergrenze	20 €
Material- und Fertigungsgemeinkosten	17 €
Allgemeine Verwaltungskosten	9 €
Wertobergrenze	36 €

Umsatzkostenverfahren			
Herstellungskosten	1.700	Umsatzerlöse	0
Verwaltungskosten	900		
Vertriebskosten	0	Jahresfehlbetrag	2.600

Gesamtkostenverfahren			
Materialaufwand	3.000	Umsatzerlöse	0
Personalaufwand	1.000	Bestandserhöhung	2.000
Abschreibungen	300		
Sonstige betriebliche Aufwendungen	300	Jahresfehlbetrag	2.600

Obwohl während der Periode keine Produkte verkauft wurden, werden beim Umsatzkostenverfahren in der Gewinn-und-Verlust-Rechnung Aufwendungen erfasst, und zwar in Höhe der nicht aktivierten Teile der Bestandserhöhung. Der Jahresfehlbetrag bei beiden Verfahren stimmt damit überein.

Vertriebskosten
Zu den Vertriebskosten rechnen alle im Geschäftsjahr angefallenen Vertriebsaufwendungen. Sie dürfen nicht als Bestandteil der Herstellungskosten aktiviert werden. Beispiele für die in diesem Posten abzubildenden Aufwendungen sind die Aufwendungen der Kostenstellen oder Abteilungen Verkauf, Marketing, Marktforschung, Vertriebsverwaltung etc.

Allgemeine Verwaltungskosten
Zu den allgemeinen Verwaltungskosten gehören die funktional abzugrenzenden Aufwendungen für die allgemeine Geschäftsleitung, Rechnungswesen und Controlling etc. Soweit die allgemeinen Verwaltungskosten nicht bei der Bewertung der Vorräte aktiviert wer-

den, sind sie als Periodenaufwendungen des Funktionsbereichs Verwaltung auszuweisen. Bei Ausübung des Aktivierungswahlrechts erfolgt dagegen ein umsatzbezogener Ausweis (vgl. Beispiel in Kapitel 6.4).

Sonstige betriebliche Aufwendungen
Die sonstigen betrieblichen Aufwendungen stellen einen Auffangposten für sämtliche Arten betrieblicher Aufwendungen dar, die Sie nicht den einzelnen Funktionsbereichen zuordnen können.

Achtung:
Trotz identischer Bezeichnung werden die sonstigen betrieblichen Aufwendungen nach dem Umsatzkostenverfahren inhaltlich anders abgegrenzt als nach dem Gesamtkostenverfahren. Beispielsweise werden Abschreibungen auf Kundenforderungen beim Umsatzkostenverfahren unter den Vertriebskosten und beim Gesamtkostenverfahren unter den sonstigen betrieblichen Aufwendungen erfasst.

6.4 Zusammenfassendes Beispiel

Das folgende Beispiel illustriert zum einen die Unterschiede zwischen Umsatz- und Gesamtkostenverfahren. Zum anderen verdeutlicht es die Auswirkungen auf den Jahreserfolg, wenn die Vorräte in der Bilanz zur Wertunter- oder zur Wertobergrenze aktiviert werden.

Beispiel:
Das Einproduktunternehmen A stellt für das Geschäftsjahr 06 die Gewinn-und-Verlust-Rechnung nach dem Umsatz- und dem Gesamtkostenverfahren auf Basis der folgenden Informationen auf. Die GuV zeigt die Unterschiede, die sich ergeben, wenn das Unternehmen die Vorräte zur Wertunter- oder Wertobergrenze der Herstellungskosten nach § 255 Abs. 2 HGB aktiviert.

Produktionsmenge:	200 Stück
Absatzmenge:	150 Stück
Absatzpreis:	300 €/Stück

Kostenarten	Kostenstellen			
(alle Werte in €)	Material	Fertigung	Verwaltung	Vertrieb
Einzelkosten				
Fertigungslöhne	1.000	1.000		
Fertigungsmaterial	1.500		1.500	
Summe Einzelkosten	2.500	1.000	1.500	
Gemeinkosten				
Sonstige Personalkosten	20.000	3.000	5.000	6.000	6.000
Betriebsstoffe	10.000	5.000	2.000	2.000	1.000
Planmäßige Abschreibungen	8.000	1.000	4.000	2.000	1.000
Summe Gemeinkosten	38.000	9.000	11.000	10.000	8.000
Gesamtkosten	**40.500**				

Ermittlung der Herstellungskosten der fertigen Erzeugnisse gemäß § 255 Abs. 2 HGB für die Aufstellung der Bilanz:

Materialeinzelkosten	7,5 €	= 1.500 €/200 Stück
Fertigungseinzelkosten	5 €	= 1.000 €/200 Stück
Wertuntergrenze	12,5 €	
Materialgemeinkosten	45 €	= 9.000 €/200 Stück
Fertigungsgemeinkosten	55 €	= 11.000 €/200 Stück
Allgemeine Verwaltungskosten	50 €	= 10.000 €/200 Stück
Wertobergrenze	162,5 €	

1. Die fertigen Erzeugnisse werden zur **Wertobergrenze** in der Bilanz aktiviert:

Gesamtkostenverfahren	
Umsatzerlöse	45.000 €
Bestandserhöhung (50 Stück x 162,5 €/Stück =)	8.125 €
Materialaufwand	11.500 €
Personalaufwand	21.000 €
Abschreibungen	8.000 €
Jahresüberschuss	**12.625 €**

175

Umsatzkostenverfahren	
Umsatzerlöse	45.000 €
Herstellungskosten der zur Erzielung der Umsatzerlöse erbrachten Leistungen	16.875 €
Verwaltungskosten	7.500 €
Vertriebskosten	8.000 €
Jahresüberschuss	**12.625 €**

Die Herstellungskosten werden umsatzbezogen ausgewiesen. Soweit die Kosten der Kostenstellen *Material* und *Fertigung* in die bilanziell ausgewiesenen Vorratswerte eingeflossen sind, dürfen sie daher nicht als Aufwand berücksichtigt werden.

	Periodenaufwand der Kostenstellen Material und Fertigung (EK und GK)	22.500 €
–	Bestandserhöhung (Material und Fertigung): 50 Stück x (162,5 € – 50 €) =	5.625 €
=	**Herstellungskosten der zur Erzielung der Umsatzerlöse erbrachten Leistungen**	**16.875 €**

Alternativ können Sie ausgehend von den verkauften Produkten den Herstellungsaufwand wie folgt ermitteln:

	Materialeinzelkosten der verkauften Produkte: 150 Stück x 7,5 €/Stück =	1.125 €
+	Materialgemeinkosten der verkauften Produkte: 150 Stück x 45 €/Stück =	6.750 €
+	Fertigungseinzelkosten der verkauften Produkte: 150 Stück x 5 €/Stück =	750 €
+	Fertigungsgemeinkosten der verkauften Produkte: 150 Stück x 55 €/Stück =	8.250 €
=	**Herstellungskosten der zur Erzielung der Umsatzerlöse erbrachten Leistungen**	**16.875 €**

Auf die gleiche Weise ermitteln Sie die Verwaltungskosten:

	Periodenaufwand der Kostenstelle Verwaltung	10.000 €
–	Bestandserhöhung (Verwaltung): 50 Stück x 50 €/Stück =	2.500 €
=	**Verwaltungskosten**	**7.500 €**

Alternativ können Sie wie folgt vorgehen:

Allgemeine Verwaltungskosten der verkauften Produkte:
150 Stück x 50 €/Stück =   7.500 €

Da Vertriebskosten nicht aktiviert werden dürfen, erfassen Sie sämtliche Periodenaufwendungen der Kostenstelle *Vertrieb* in der Gewinnund-Verlust-Rechnung.

2. Die fertigen Erzeugnisse werden zur **Wertuntergrenze** aktiviert:

Gesamtkostenverfahren	
Umsatzerlöse	45.000 €
Bestandserhöhung (50 Stück x 12,5 €/Stück =)	625 €
Materialaufwand	11.500 €
Personalaufwand	21.000 €
Abschreibungen	8.000 €
Jahresüberschuss	**5.125 €**

Umsatzkostenverfahren	
Umsatzerlöse	45.000 €
Herstellungskosten der zur Erzielung der Umsatzerlöse erbrachten Leistungen	21.875 €
Verwaltungskosten	10.000 €
Vertriebskosten	8.000 €
Jahresüberschuss	**5.125 €**

Die Herstellungskosten werden umsatzbezogen ausgewiesen. Sie können sie aus dem Periodenaufwand der Kostenstelle Herstellung ableiten oder ausgehend von der verkauften Stückzahl ermitteln:

	Periodenaufwand der Kostenstellen Material und Fertigung	22.500 €
–	Bestandserhöhung 50 Stück x 12,5 € =	625 €
=	**Herstellungskosten der zur Erzielung der Umsatzerlöse erbrachten Leistungen**	21.875 €

Materialeinzelkosten der verkauften Produkte: 150 Stück x 7,5 €/Stück =	1.125 €
+ Materialgemeinkosten der verkauften Produkte: 150 Stück x 45 €/Stück =	6.750 €
+ Nicht aktivierte Materialgemeinkosten der Bestandserhöhung 50 Stück x 45 €/Stück =	2.250 €
+ Fertigungseinzelkosten der verkauften Produkte: 150 Stück x 5 €/Stück =	750 €
+ Fertigungsgemeinkosten der verkauften Produkte: 150 Stück x 55 €/Stück =	8.250 €
+ Nicht aktivierte Fertigungsgemeinkosten der Bestandserhöhung 50 Stück x 55 €/Stück =	2.750 €
= **Herstellungskosten der zur Erzielung der Umsatzerlöse erbrachten Leistungen**	**21.875 €**

Da die allgemeinen Verwaltungskosten nicht aktiviert werden, ist der Posten – wie bei den Vertriebskosten auch – periodenbezogen auszuweisen.

6.5 Die Darstellung der Ergebnisverwendung

Mit Blick darauf, dass das Aktienrecht bestimmte Ergebnisverwendungsvorgaben enthält (vgl. Kapitel 5.6.5), schreibt der Gesetzgeber für AG und KGaA eine Überleitung des Jahresüberschusses bzw. -fehlbetrags nach § 275 HGB auf den Bilanzgewinn/-verlust verpflichtend vor (§ 158 Abs. 1 AktG). Diese Regelungen können von Unternehmen anderer Rechtsformen (insbesondere GmbH), bei denen eine (teilweise) Ergebnisverwendung bereits im Zuge der Aufstellung des Jahresabschlusses vorgenommen wird, analog angewendet werden.

Ergebnis-
verwendungs-
rechnung

Die Ergebnisverwendungsrechnung nach § 158 Abs. 1 AktG hat folgendes Aussehen:

	Jahresüberschuss/-fehlbetrag
+/–	Gewinnvortrag/Verlustvortrag aus dem Vorjahr
+/–	Entnahmen aus der Kapitalrücklage
+/–	Entnahmen aus der/Einstellungen in die gesetzlichen Rücklage
+/–	Entnahmen aus der/Einstellungen in die Rücklage für eigene Anteile
+/–	Entnahmen aus der/Einstellungen in die satzungsmäßigen Rücklagen
+/–	Entnahmen aus/Einstellungen in andere(n) Gewinnrücklagen
=	**Bilanzgewinn/-verlust**

7 Der Anhang

7.1 Wozu dient der Anhang?

Dritter Bestandteil des Jahresabschlusses von Kapital- und voll haftungsbeschränkten Personenhandelsgesellschaften ist der Anhang (§ 264 Abs. 1 HGB). Er soll gemeinsam mit der Bilanz und der Gewinn-und-Verlust-Rechnung dazu beitragen, dass der Jahresabschluss seinem Ziel gerecht wird, ein den tatsächlichen Verhältnissen entsprechendes Bild der Vermögens-, Finanz- und Ertragslage des Unternehmens zu vermitteln.

Mit Blick auf diesen Anspruch soll der Anhang das Bild vervollständigen, das die Zahlenangaben von Bilanz und Gewinn-und-Verlust-Rechnung vom Unternehmen zeichnen. Ihm kommen dabei im Einzelnen folgende Funktionen zu: *Aufgaben des Anhangs*

- **Interpretationsfunktion**
  Im Anhang werden die rein quantitativen Angaben von Bilanz und Gewinn-und-Verlust-Rechnung kommentiert und erläutert. Auf diese Weise erleichtert der Anhang den Jahresabschlussadressaten das Verständnis des Zahlenteils. In seltenen Fällen kann der Anhang auch eine Korrekturfunktion besitzen. Dies ist der Fall, wenn infolge besonderer Umstände Bilanz und Gewinnund-Verlust-Rechnung allein die wirkliche wirtschaftliche Lage des Unternehmens nicht vermitteln und deshalb zusätzliche Anhangangaben notwendig sind (§ 264 Abs. 1 HGB).

- **Ergänzungsfunktion**
  Der Anhang kann die Informationen von Bilanz und Gewinnund-Verlust-Rechnung auch durch Angaben ergänzen, die sich nicht unmittelbar auf die beiden anderen Elemente des Jahresabschlusses beziehen.

- **Entlastungsfunktion**
  Teilweise räumt der Gesetzgeber das Wahlrecht ein, Anhangangaben entweder in die Bilanz bzw. die Gewinn-und-Verlust-

179

Rechnung oder alternativ in den Anhang aufzunehmen. Aus Gründen der Übersichtlichkeit empfiehlt es sich oftmals, die geforderten Informationen im Anhang zu nennen und auf diese Weise die beiden anderen Jahresabschlussbestandteile zu entlasten.

7.2 Der inhaltliche Aufbau des Anhangs

Klarheit und Übersichtlichkeit

Konkrete Darstellungsvorgaben für den Anhang finden Sie in den handelsrechtlichen Rechnungslegungsvorschriften nicht, so dass sich die Form der Berichterstattung allein am wenig konkreten Grundsatz der Klarheit und Übersichtlichkeit ausrichten muss. In der Praxis hat sich die folgende Grob-Gliederung weit gehend durchgesetzt:

• Allgemeine Informationen zum Jahresabschluss
• Informationen zu einzelnen Bilanzposten
• Informationen zu einzelnen Posten der Gewinn-und-Verlust-Rechnung
• Sonstige Informationen

Der Umfang der Anhangsberichterstattung ergibt sich vornehmlich aus den §§ 284 bis 288 HGB. Neben den **gesetzlichen Mindestbestandteilen** kann der Anhang darüber hinaus um andere, **freiwillige Informationen** erweitert werden (z. B. eine Kapitalflussrechnung), solange seine Klarheit und Übersichtlichkeit darunter nicht leidet.

Pflicht- und Wahlpflichtbestandteile

Die gesetzlich geregelten Bestandteile des Anhangs lassen sich in **Pflichtbestandteile** und **Wahlpflichtbestandteile** unterteilen. Letztere ermöglichen dem Bilanzierenden die Wahl, die Angaben entweder unter dem entsprechenden Posten in der Bilanz oder Gewinn-und-Verlust-Rechnung oder alternativ im Anhang vorzunehmen (§ 284 Abs. 1 HGB). Auf die entsprechenden Angaben wurde bereits im Zusammenhang mit der Erläuterung der Posten von Bilanz bzw. Gewinn-und-Verlust-Rechnung eingegangen. Darüber hinaus finden sich im AktG und GmbHG *rechtsformspezifische (Wahl-)Pflichtangaben* (§§ 58, 152, 158, 160, 240, 261 AktG, §§ 29 Abs. 4, 42 Abs. 3 GmbHG).

7.3   Die Pflichtangaben im Anhang

7.3.1   Allgemeine Angaben

Zu den allgemeinen Erläuterungspflichten gehören insbesondere Informationen zu folgenden Aspekten:

Allgemeine Erläuterungspflichten

- **Angewandte Ansatz- und Bewertungsmethoden** (§ 284 Abs. 2 Nr. 1 HGB)

    Bei den Angaben zu den Ansatzmethoden geht es vor allem darum, wie Wahlrechte ausgeübt worden sind. Die Erläuterungen sind nicht unbedingt in einem eigenen Abschnitt zusammenzufassen, sondern können auch in die Erläuterungen der Einzelposten einbezogen werden. Bei den Angaben zu den Bewertungsmethoden muss beschrieben werden, welche gesetzlich zulässige Methode angewandt wird (z. B. Durchschnittwert, Festwert etc.). Bei der Angabe der Abschreibungsmethoden ist darzustellen, bei welchen Vermögenskategorien welche Methode gewählt wurde.

- **Grundlagen der Fremdwährungsumrechnung** (§ 284 Abs. 2 Nr. 2 HGB)

    Sind in den Posten von Bilanz- und Gewinn-und-Verlust-Rechnung Geschäftsvorfälle oder Bestände enthalten, die auf fremde Währung lauten bzw. ursprünglich lauteten (insbesondere Fremdwährungsforderungen und -verbindlichkeiten), ist über deren Umrechnung in Euro zu berichten. Die Umrechnungsmethode muss dabei verbal beschrieben werden (dazu gehört auch die Verrechnung von Währungsgewinnen und -verlusten und die Angabe von Sicherungsgeschäften).

- **Abweichungen von den Ansatz- und Bewertungsmethoden des Vorjahrs** (§ 284 Abs. 2 Nr. 3 HGB)

    Im Anhang müssen Sie Abweichungen von den Ansatz- und Bewertungsmethoden des Vorjahrs angeben und begründen. Außerdem ist deren Einfluss auf die Vermögens-, Finanz- und Ertragslage gesondert darzustellen. So soll die Vergleichbarkeit der Jahresabschlüsse im Hinblick auf die im Vorjahr angewandten Methoden hergestellt werden.

7.3.2 Angaben zu Bilanz und Gewinn-und-Verlust-Rechnung

In Bezug auf die Gliederung von Bilanz und Gewinn-und-Verlust-Rechnung müssen Sie beachten, dass *Abweichungen der Darstellungsform*, insbesondere der Gliederung aufeinander folgender Bilanzen und Gewinn-und-Verlust-Rechnungen im Anhang anzugeben sind und begründet werden müssen (§ 265 Abs. 1 HGB). Nach dem Vergleichsprinzip müssen Sie zu jedem Posten der Bilanz und der Gewinn-und-Verlust-Rechnung die entsprechenden Vorjahresbeträge angeben. Sind die Beträge nicht vergleichbar, ist dies im Anhang anzugeben und zu erläutern (§ 265 Abs. 2 HGB).

Zu den einzelnen Posten in der **Bilanz** sieht das HGB insbesondere folgende wesentliche Berichtspflichten vor:

- Wird die Gruppenbewertung oder ein Verbrauchsfolgeverfahren angewandt, müssen die *Unterschiedsbeträge* pauschal für die jeweilige Gruppe genannt werden, wenn die Bewertung im Vergleich zu einer Bewertung auf Grundlage des letzten vor dem *Abschlussstichtag* bekannten *Börsenkurses oder Marktpreises* einen erheblichen Unterschiedsbetrag aufweist (§ 284 Abs. 2 Nr. 4 HGB). Eine solche Situation besteht bereits bei einer Abweichung von 10 % des bilanziellen Wertansatzes.

- In Anspruch genommene *Bilanzierungshilfen* sind zu erläutern (Aufwendungen für die Ingangsetzung und Erweiterung des Geschäftsbetriebs i. S. d. § 269, aktivische latente Steuern i. S. d. § 274 Abs. 2 HGB).

- Die Gründe für die Vornahme planmäßiger Abschreibungen von *Geschäfts- oder Firmenwerten* über ihre voraussichtliche Nutzungsdauer sind anzugeben (§ 285 Satz 1 Nr. 13 HGB).

- Rückstellungen, die in den Sammelposten *sonstige Rückstellungen* eingegangen sind, sind zu erläutern, soweit sie nicht einen unerheblichen Umfang haben (§ 285 Satz 1 Nr. 12 HGB).

- Der Betrag der im Geschäftsjahr allein nach *steuerrechtlichen Vorschriften* vorgenommenen *Abschreibungen* ist getrennt nach Anlage- und Umlaufvermögen anzugeben und hinreichend zu begründen, wenn er sich nicht aus der Bilanz oder der Gewinn-und-Verlust-Rechnung ergibt (§ 281 Abs. 2 HGB).

Zu den einzelnen Posten der **Gewinn-und-Verlust-Rechnung** sind folgende Angaben zu machen:

*   Die *Umsatzerlöse* sind nach Tätigkeits- bzw. Geschäftsbereichen und geographisch bestimmten Märkten aufzugliedern (§ 285 Satz 1 Nr. 4 HGB).
*   Werden *außerordentliche Aufwendungen* oder *Erträge* ausgewiesen, sind diese bezüglich Art und Betrag im Anhang zu erläutern. Diese Angaben können entfallen, soweit die Beträge für die Beurteilung der Ertragslage von untergeordneter Bedeutung sind (§ 277 Abs. 4 Satz 2 HGB). Entsprechende Erläuterungspflichten sieht das Gesetz für *periodenfremde Erträge und Aufwendungen* vor (§ 277 Abs. 4 Satz 3 HGB). Solche sind dadurch charakterisiert, dass sie einem früheren Geschäftsjahr zuzurechnen sind. Z. B. stellt die Auflösung einer in einem vorangegangenen Geschäftsjahr passivierten Rückstellung, die nicht wie ursprünglich vermutet voll verbraucht wird, einen periodenfremden Ertrag dar.
*   Der Umfang, in dem die *Steuern vom Einkommen und Ertrag* das Ergebnis der gewöhnlichen Geschäftstätigkeit und das außerordentliche Ergebnis belasten, muss angegeben werden (§ 285 Satz 1 Nr. 6 HGB)
*   Hat das Unternehmen für die Gliederung der Gewinn-und-Verlust-Rechnung das *Umsatzkostenverfahren* gewählt, müssen der Material- und Personalaufwand *genannt werden* (§ 285 Satz 1 Nr. 8 HGB).
*   Da *steuerliche Vergünstigungen* (insbesondere rein steuerrechtliche Abschreibungen) aufgrund der umgekehrten Maßgeblichkeit das handelsrechtliche *Jahresergebnis beeinflussen*, müssen das Ausmaß ihrer Auswirkungen auf das Ergebnis des laufenden Geschäftsjahrs und erhebliche künftige Belastungen angegeben werden (§ 285 Satz 1 Nr. 5 HGB).

7.3.3 Sonstige Angaben

Über die Angaben zu Bilanz und Gewinn-und-Verlust-Rechnung hinaus müssen Sie im Anhang noch die folgenden wesentlichen Informationen bereitstellen:

- Gesamtbetrag der sonstigen finanziellen Verpflichtungen (§ 285 Nr. 3 HGB)

  Im Anhang ist der Gesamtbetrag der sonstigen finanziellen Verpflichtungen, die weder in der Bilanz passiviert werden müssen noch zu den Haftungsverhältnissen (§ 251 HGB) gehören, anzugeben, sofern diese Angabe für die Beurteilung der Finanzlage von Bedeutung ist. Beispiele für sonstige finanzielle Verpflichtungen sind:
  - Leasing- und Mietverpflichtungen
  - Umweltschutzverpflichtungen
  - Verpflichtungen aus begonnenen Investitionen

- Durchschnittliche Anzahl der während des Geschäftsjahrs beschäftigten Arbeitnehmer, wobei die Arbeitnehmerzahl nach Gruppen zu trennen ist (§ 285 Nr. 7 HGB)

  Der Durchschnitt kann als Summe der am jeweiligen Quartalsende beschäftigten Arbeitnehmer dividiert durch vier berechnet werden.

- Mitglieder der Organe (§ 285 Nr. 10 HGB)

  Es sind sämtliche Personen, die Mitglied des Geschäftsführungsorgans, des Aufsichtsrats oder eines vergleichbaren Unternehmensorgans sind, anzugeben. Der Vorsitzende des jeweiligen Organs ist als solcher zu bezeichnen.

- Bezüge der Organmitglieder (§ 285 Nr. 9 HGB)

  Folgende Bezüge sind für die Mitglieder des Geschäftsführungsorgans, eines Aufsichtsrats, eines Beirats oder einer ähnlichen Einrichtung jeweils für jede Personengruppe anzugeben:
  - Gesamtbezüge für die Tätigkeit im Geschäftsjahr (Gehälter, Gewinnbeteiligungen, Provisionen etc.)
  - Gesamtbezüge der früheren Mitglieder (Abfindungen, Ruhegehälter etc.)
  - Gewährte Vorschüsse und Kredite unter Angabe der Zinssätze und der sonstigen wesentlichen Bedingungen

- Besitz von Anteilen (§ 285 Nr. 11 und 11a)
  - Informationen über den Beteiligungsbesitz an anderen Unternehmen: Name, Sitz, Höhe des Anteils am Kapital (mindestens 20 %), Eigenkapital, Ergebnis des letzten Geschäftsjahrs, für das ein Jahresabschluss vorliegt

– Name, Sitz und Rechtsform der Unternehmen, bei denen eine Kapitalgesellschaft als unbeschränkt haftender Gesellschafter fungiert

Statt im Anhang dürfen diese Angaben auch in einer gesonderten Aufstellung (*Anteilsliste*) gemacht werden. Falls davon Gebrauch gemacht wird, ist auf diese Tatsache als solche sowie auf die notwendige Hinterlegung beim Handelsregister hinzuweisen (§ 287 HGB; der Hinterlegungshinweis entfällt mit Anwendbarkeit der gemäß EHUG geänderten Vorschriften; siehe dazu Kapitel 1.6.4).

• Entsprechenserklärung zum Corporate Governance Kodex (§ 285 Nr. 16 HGB)

Nach § 161 AktG müssen Vorstand und Aufsichtsrat einer börsennotierten Gesellschaft jährlich erklären, ob und in welchem Umfang die vom Bundesministerium der Justiz bekannt gemachten Empfehlungen der Regierungskommission *Deutscher Corporate Governance Kodex* beachtet worden sind. Im Anhang des Jahresabschlusses ist hierzu nur anzugeben, dass die vorgeschriebene so genannte *Entsprechenserklärung* abgegeben und den Aktionären zugänglich gemacht worden ist. Der Inhalt der Entsprechenserklärung ist nicht Gegenstand der Anhangberichterstattung.

• Honorare an den Abschlussprüfer (§ 285 Nr. 17 HGB)

Kapitalmarktorientierte Unternehmen müssen die im Geschäftsjahr als Aufwand erfassten Honorare für Leistungen des Abschlussprüfers angeben, wobei folgende Gruppen zu differenzieren sind:

– Abschlussprüfung
– Sonstige Bestätigungs- und Beratungsleistungen
– Steuerberatungsleistungen
– Sonstige Leistungen

• Derivative Finanzinstrumente (§ 285 Nr. 18 HGB)

Für jede Kategorie derivativer Finanzinstrumente werden folgende Angaben gefordert:

Derivative Finanzinstrumente

– Art und Umfang der Finanzinstrumente
– Beizulegender Zeitwert unter Angabe der angewandten Bewertungsmethode

– Buchwert und Bilanzposten, in welchem der Buchwert unter Umständen erfasst ist

Im Wesentlichen handelt es sich bei derivativen Finanzinstrumenten um Futures, Forwards, Optionsgeschäfte und Swaps. Derivative Finanzinstrumente werden in der Bilanz nur selten erfasst, konkret wenn und soweit aus dem Geschäft ein Verlust droht (Rückstellung für drohende Verluste). Positive Erfolgsbeiträge sind dagegen aufgrund des Realisationsprinzips (vgl. Kapitel 4.3.1) nicht auszuweisen. Die Anhangangabe schließt folglich eine Informationslücke. Der beizulegende Zeitwert ergibt sich grundsätzlich aus dem Marktpreis.

Finanzanlagen • Finanzinstrumente des Finanzanlagevermögens, die über ihrem beizulegenden Wert ausgewiesen werden (§ 285 Nr. 19 HGB)

Wie an anderer Stelle gezeigt wurde (vgl. Kapitel 5.2.2), besteht für Vermögensgegenstände des Finanzanlagevermögens bei einer voraussichtlich nur vorübergehenden Wertminderung ein Abschreibungswahlrecht (§ 253 Abs. 2 Satz 3 HGB i. V. m. § 279 Abs. 1 HGB). Hat das Unternehmen in Anbetracht dieses Wahlrechts keine Abschreibung vorgenommen, übersteigt der Buchwert den Zeitwert. In diesem Fall muss es den Buchwert und den beizulegenden Zeitwert (ggf. bezogen auf eine Vermögensgruppe) im Anhang angeben. Des Weiteren muss sie die Gründe für das Unterlassen der Abschreibung und die Anhaltspunkte, die darauf hindeuten, dass die Wertminderung voraussichtlich nicht von Dauer ist, erläutern. Durch diese Angabe werden somit stille Lasten erkennbar gemacht.

7.3.4 Erleichterungen und Schutzklauseln

Kleinen und mittelgroßen Kapitalgesellschaften und voll haftungsbeschränkten Personengesellschaften stehen verschiedene **größenabhängige Erleichterungen** bei der inhaltlichen Gestaltung des Anhangs offen (§ 288 HGB).

Darüber hinaus gewährt der Gesetzgeber bestimmte **Schutzklauseln**, die es den betreffenden Unternehmen ermöglichen, unter bestimmten Umständen auf eine Berichterstattung zu verzichten:

- Die Berichterstattung hat insoweit zu unterbleiben, als es für das Wohl der Bundesrepublik Deutschland oder eines ihrer Länder erforderlich ist (§ 286 Abs. 1 HGB).

- Eine Aufgliederung der Umsatzerlöse kann unterbleiben, soweit diese geeignet ist, der Gesellschaft einen erheblichen Nachteil zuzufügen (§ 286 Abs. 2 HGB).

- Unter bestimmten Voraussetzungen können Angaben zu den Beteiligungsunternehmen gekürzt werden oder wegfallen. So ist ein Beteiligungsunternehmen insbesondere dann nicht anzugeben, sofern andernfalls die Gefahr bestünde, dass einem der Unternehmen, zwischen denen das Beteiligungsverhältnis besteht, ein erheblicher Nachteil entstehen könnte (286 Abs. 3 HGB).

- Angaben über die Gesamtbezüge derzeitiger oder früherer Organmitglieder können bei Gesellschaften, die keine börsennotierten Aktiengesellschaften sind, unterbleiben, falls sich anhand der Angaben die Bezüge eines Mitglieds dieser Organe feststellen ließen (§ 286 Abs. 4).

8 Der Lagebericht

8.1 Was unterscheidet den Lagebericht vom Jahresabschluss?

Pflicht zur
Aufstellung

Neben dem Jahresabschluss müssen Kapitalgesellschaften und voll haftungsbeschränkte Personenhandelsgesellschaften grundsätzlich einen Lagebericht aufstellen (§§ 264 Abs. 1, 264a Abs. 1 HGB). Sie sind von dieser Verpflichtung nur dann befreit, soweit die Größenkriterien einer kleinen Gesellschaft erfüllt sind (§ 264 Abs. 1 Satz 3 i. V. m. § 267 Abs. 1 HGB).

Die Pflicht zur Aufstellung eines Lageberichts gilt entsprechend für Unternehmen, die den Rechnungslegungsvorschriften des PublG unterliegen und die nicht Einzelkaufmann oder Personenhandelsgesellschaft sind (§ 5 Abs. 2 PublG).

> **Achtung:**
> Der Lagebericht ist kein Bestandteil des Jahresabschlusses, sondern ein eigenständiges Berichtsinstrument. Er muss nicht wie der Jahresabschluss von den zuständigen Organmitgliedern unterzeichnet werden.

Aufgabe des
Lageberichts

Aus den Erläuterungen der für die Aufstellung des Jahresabschlusses zu beachtenden Bilanzierungsgrundsätze konnten Sie erkennen, dass der Jahresabschluss primär *quantitative Vergangenheitsinformationen* vermittelt und diese Darstellung von *Objektivierungsnormen* geprägt ist. Der Lagebericht soll diesen Teil der Berichterstattung sinnvoll ergänzen. Er enthält vor allem solche Informationen, die zwar nicht (unmittelbar) in den Jahresabschluss eingegangen sind, für eine umfassende Beurteilung der tatsächlichen wirtschaftlichen Lage eines Unternehmens aber zumindest ebenso wichtig erscheinen. Dazu gehören zunächst **zukunftsorientierte Informationen**, die größtenteils von subjektiven Einschätzungen und Prognosen der Unternehmensleitung geprägt sind. Darüber hinaus gehen Informationen in den Lagebericht ein, die sich nur mittelbar im Zahlenwerk und den Erläuterungen des Jahresabschlusses niedergeschlagen haben, für eine zutreffende Lagebeurteilung aber so wichtig erscheinen, dass sie den Adressaten der Rechnungslegung ausdrücklich vermittelt werden sollen, z. B. die Auftragsentwicklung oder der Beschäftigungsgrad. Abschließend erlaubt es der Lagebericht, sich von der von Einzelsachverhalten geprägten Berichterstattung des Jahresabschlusses zu lösen und eine **Gesamtbeurteilung** der wirtschaftlichen Lage des Unternehmens vorzunehmen.

8.2 Die Bestandteile des Lageberichts

Der Lagebericht setzt sich aus Pflicht- und so genannten Regelbestandteilen zusammen, die im Folgenden näher erläutert werden:

Checkliste: Bestandteile des Lageberichts	✓
Pflichtbestandteile des Lageberichts (§ 289 Abs. 1 HGB)	
1.	Darstellung und Analyse des Geschäftsverlaufs und der wirtschaftlichen Lage einschließlich des Geschäftsergebnisses (*Wirtschaftsbericht*)	
2.	Beurteilung und Erläuterung der künftigen Entwicklung mit ihren wesentlichen Chancen (*Prognosebericht*)	
3.	Darstellung und Erläuterung der wesentlichen Risiken der künftigen Entwicklung (*Risikobericht*)	
Regelbestandteile des Lageberichts (§ 289 Abs. 2, 4 HGB)	
1.	Vorgänge von besonderer Bedeutung für die wirtschaftliche Lage des Unternehmens, die nach dem Schluss des Geschäftsjahrs eingetreten sind (*Nachtragsbericht*)	
2.	Risiko und Risikomanagement in Bezug auf gehaltene Finanzinstrumente (Bestandteil des *Risikoberichts*)	
3.	Forschung und Entwicklung (*Forschungs- und Entwicklungsbericht*)	
4.	Zweigniederlassungen (*Zweigniederlassungsbericht*)	
5.	Grundzüge des Vorstandsvergütungssystems bei börsennotierten Aktiengesellschaften (*Vergütungsbericht*)	
6.	Unternehmensstruktur und bestimmte mögliche Übernahmehemmnisse (*sonstige Inhalte*)	

> **Achtung:**
> Die Regelbestandteile müssen Sie in den Lagebericht aufnehmen, wenn entsprechende berichtspflichtige Sachverhalte vorliegen.

8.2.1 Wirtschaftsbericht

Geschäftsverlauf und Lage

Der Wirtschaftsbericht hat die Adressaten der Rechnungslegung über den Geschäftsverlauf der abgelaufenen Berichtsperiode, die aktuelle wirtschaftliche Lage des Unternehmens und die dafür wesentlichen Faktoren zu informieren. Weitestgehend deklaratorisch hebt der Gesetzgeber in diesem Zusammenhang ausdrücklich hervor, dass das Geschäftsergebnis ein Bestandteil dieser Berichterstattung sein muss (§ 289 Abs. 1 HGB).

Während mit dem Geschäftsverlauf auf eine zeitraumbezogene Berichterstattung abgestellt wird, erfordert die Beschreibung der wirtschaftlichen Lage eine zeitpunktbezogene Darstellung. Allerdings ist eine präzise Trennung zwischen **Geschäftsverlauf** und **wirtschaftlicher Lage** praktisch nicht möglich, da beide in einer Ursache-Wirkungs-Beziehung zueinander stehen. Darüber hinaus ist darauf hinzuweisen, dass stets auch erwartete zukünftige Entwicklungen, auf die im Prognosebericht einzugehen ist, die Beurteilung der wirtschaftlichen Lage eines Unternehmens beeinflussen.

Die folgende Checkliste zeigt Ihnen, was üblicherweise zu den Bestandteilen eines Wirtschaftsberichts gehört:

Checkliste: Bestandteile des Wirtschaftsberichts		✓
I.	**Geschäftstätigkeit des Unternehmens und deren Rahmenbedingungen, z. B.:**	
1.	Organisatorische und rechtliche Struktur	
2.	Wichtigste Produkte oder Tätigkeitsbereiche	
3.	Wesentliche Absatzmärkte	
4.	Positionierung des Unternehmens am Markt	
5.	Wesentliche rechtliche und wirtschaftliche Einflussfaktoren auf den geschäftlichen Erfolg	

II.	Entwicklungen der Gesamtwirtschaft und der Branche	
III.	Wichtige Ereignisse des Geschäftsjahrs	
IV.	Kommentierung der Vermögenslage zum Ende der Berichtsperiode, z. B.:	
1.	Höhe und Zusammensetzung des Vermögens	
2.	Inflations- und Wechselkurseinflüsse	
3.	Wesentliche Veränderungen der Vermögensstruktur	
V.	Kommentierung der Finanzlage zum Ende der Berichtsperiode, z. B.:	
1.	Kapitalstruktur	
2.	Liquiditätsanalyse (z. B. Liquiditäts- und Deckungsgrade)	
3.	Finanzierungsmaßnahmen des abgelaufenen Geschäftsjahrs	
4.	Außerbilanzielle Finanzierungsinstrumente (z. B. Leasing)	
5.	Investitionsanalyse	
VI.	Kommentierung der Ertragslage zum Ende der Berichtsperiode, z. B.:	
1.	Ergebnisstruktur und -quellen	
2.	Einflüsse ungewöhnlicher und nicht wiederkehrender Ereignisse auf die Ertragslage	
3.	Erfolgsentwicklung und Rentabilitätskennzahlen	
4.	Umsatz- und Auftragsentwicklung	

In die Berichterstattung ist die Darstellung und Erläuterung der Entwicklung der wichtigsten **Finanzkennzahlen** (*finanzielle Leistungsindikatoren*, z. B. Umsatzrendite, Eigenkapitalquote, *Cashflow* etc.) in der Berichtsperiode mit einzubeziehen. Die im Lagebericht genannten Kennzahlenwerte müssen sich dabei aus dem Jahresabschluss unmittelbar ableiten lassen oder so erklärt werden, dass der Leser des Lageberichts diese Ableitung durchführen kann.

Finanzkennzahlen

Nichtfinanzielle Leistungsindikatoren

Große Gesellschaften müssen nach § 289 Abs. 3 HGB außerdem ihre wichtigsten **nichtfinanziellen Leistungsindikatoren** darstellen und erläutern. Hierzu gehören z. B. Informationen über Umwelt- und Arbeitnehmerbelange des Unternehmens, die Entwicklung ihres Kundenstamms und des Humankapitals.

> **Achtung:**
> Der Forschungs- und Entwicklungsbericht (vgl. Kapitel 8.2.5) soll in den Wirtschaftsbericht integriert werden (DRS 15.40 ff.).

8.2.2 Prognosebericht

Zukunftsentwicklung des Unternehmens

Der Prognosebericht hat die voraussichtliche **Zukunftsentwicklung** des Unternehmens mit ihren wesentlichen Einflussfaktoren und Chancen zu beschreiben. Hierzu gehören insbesondere Aussagen über die erwartete gesamtwirtschaftliche und branchenspezifische Entwicklung, Änderungen der Geschäftspolitik, Planungen zur Erschließung neuer Absatzmärkte, die Verwendung neuer Verfahren neben den daraus resultierenden Investitionserfordernissen und den hierfür notwendigen Finanzierungsmaßnahmen.

Prämissen

Die Erwartungen sind zu erläutern und zu einer wertenden Gesamtaussage zu verdichten. Dabei werden keine detaillierten quantitativen Prognosen erwartet; vielmehr reichen verbale Tendenzaussagen aus. Die zu Grunde gelegten **Prognoseannahmen**, die angewandten Schätzverfahren und etwaige Bandbreiten der erstellten Schätzungen sind in diesem Zusammenhang anzugeben.

Prognosezeitraum

Als Prognosezeitraum sind mindestens *zwei Jahre* zu Grunde zu legen. Bei geplanten Großprojekten oder längeren Marktzyklen sollte sogar auf einen längeren Betrachtungszeitraum abgestellt werden.

> **Achtung:**
> Die Berichterstattung über die Risiken der künftigen Entwicklung soll aus Gründen der Klarheit nach DRS 15.91 getrennt vom Prognosebericht erfolgen.

8.2.3 Nachtragsbericht

Ereignisse nach dem Stichtag

Im Nachtragsbericht ist auf Vorgänge von besonderer Bedeutung einzugehen, die erst *nach dem Abschlussstichtag* eingetreten sind, selbst wenn deren Entwicklung oder Einfluss bis zum Ende des Be-

richterstattungszeitraums noch nicht abgeschlossen ist. Der Bericht-erstattungszeitraum erstreckt sich dabei vom Abschlussstichtag bis zur Beendigung der Jahresabschlussprüfung.[6]
Zu den Vorgängen von besonderer Bedeutung können z. B. folgende Tatsachen und Entwicklungen gehören:

- Kapitelerhöhungen oder -herabsetzungen des Unternehmens
- Veränderungen der Preissituation auf den Absatz- und Beschaffungsmärkten
- Erwerb oder Veräußerung wesentlicher Beteilungen
- Insolvenz von Großkunden
- Abschluss wichtiger Liefer- oder Abnahmeverträge
- signifikante Wechselkursänderungen

Tipp: Nehmen Sie einen Negativvermerk auf

Sind keine Vorgänge von besonderer Bedeutung aufgetreten, ist es in der Praxis üblich, einen entsprechenden Negativvermerk in den Lagebericht aufzunehmen (DRS 15 enthält auch eine entsprechende Soll-Vorgabe).

8.2.4 Risikobericht

Im Risikobericht hat das Unternehmen zunächst eine allgemeine Beschreibung des **Risikomanagementsystems** (Strategie, Organisation, Prozess) vorzunehmen, wobei insbesondere auf den Bereich der Finanzinstrumente (Ziele und Methoden des Risikomanagements, Sicherungsgeschäfte) einzugehen ist. In diesem Zusammenhang sind auch Veränderungen gegenüber dem Vorjahr, die für die Risikobeurteilung erforderlich sind, zu beschreiben. *(Randnotiz: Risikomanagementsystem)*

Des Weiteren sind die **wesentlichen Risiken** darzustellen und deren mögliche Konsequenzen zu erläutern. Soweit sinnvoll, sind geeignete *Risikokategorien bzw. -gruppen* zu bilden, die sich am internen Risikomanagement orientieren. Solche Risikogruppen können z. B. rechtliche Risiken, Forderungsausfallrisiken, Kundenrisiken, IT-Risiken usw. sein. Außerdem sind auch *Risikokonzentrationen* (z. B. auf einzelne Kunden, Länder, Patente, Produkte etc.) anzugeben. *(Randnotiz: Wesentliche Einzelrisiken)*

---

[6] In der Literatur wird teilweise auch vertreten, dass sich der Berichterstattungszeitraum bis zur Feststellung des Jahresabschlusses oder bis zur Aufstellung des Lageberichts erstreckt.

Gesetzlich besonders geregelt ist die Risikoberichterstattung in Bezug auf **Finanzinstrumente** (§ 289 Abs. 2 Nr. 2 HGB), zu denen z. B. Debitoren, Beteiligungen, Darlehensforderungen usw. gehören. Danach sind die Risikomanagementziele und -methoden der Gesellschaft für Geschäfte mit Finanzinstrumenten inklusive der Methoden zur Absicherung aller wichtigen Transaktionsarten zu beschreiben. Außerdem ist speziell über folgende Einzelrisiken bei Finanzinstrumenten zu berichten:

- **Preisänderungsrisiken**
  Solche Risiken bestehen darin, dass sich der Wert des Finanzinstruments künftig ändern kann (etwa aufgrund von Wechselkursschwankungen oder der Veränderung des Marktpreises oder des Markzinssatzes).

- **Ausfallrisiken**
  Sie ergeben sich aus der Gefahr, dass der Vertragspartner bei einem Geschäft über ein Finanzinstrument seinen Verpflichtungen nicht oder nicht fristgerecht nachkommt.

- **Liquiditätsrisiken**
  Ist das Unternehmen potenziell nicht in der Lage, die Finanzmittel zu beschaffen, um seine Verpflichtungen aus einem Vertrag über ein Finanzinstrument zu begleichen, besteht ein Liquiditätsrisiko.

- **Zahlungsstromschwankungsrisiken**
  Risiken aus Zahlungsstromschwankungen resultieren daraus, dass die zukünftigen Zahlungsströme Schwankungen unterworfen sind.

Dem Risikobericht ist ein angemessener Erwartungshorizont (im Allgemeinen ein Jahr in Bezug auf bestandsgefährdende Risiken und zwei Jahre bezüglich sonstiger Risiken) zu Grunde zu legen. Eine verbale Beschreibung der Risiken und ihrer Konsequenzen reicht im Allgemeinen aus. Soweit Risiken als **bestandsgefährdend** einzustufen sind, sind sie als solche zu bezeichnen und hervorzuheben.

8.2.5 Forschungs- und Entwicklungsbericht

Je nach Branche können Forschungs- und Entwicklungsaktivitäten ein entscheidender Faktor für die künftige wirtschaftliche Entwicklung eines Unternehmens sein. Die Berichtspflicht betrifft Unternehmen, die für eigene Zwecke selbst forschen und entwickeln oder Auftragsforschung und -entwicklung durch Dritte durchführen lassen.

Die Berichterstattung hat Ausrichtung und Intensität der Forschungs- und Entwicklungsaktivitäten darzustellen und zu erläutern. Dabei kommen insbesondere Angaben zu folgenden Aspekten in Betracht:

*   Art der Forschung und Entwicklung
*   Höhe der Forschungs- und Entwicklungsinvestitionen
*   Anzahl der Mitarbeiter in den Bereichen Forschung und Entwicklung
*   Anzahl der unterhaltenen Einrichtungen
*   wesentliche Veränderungen gegenüber dem Vorjahr

Tipp:

Da Informationen über die Forschungs- und Entwicklungsbereiche und -aktivitäten von Unternehmen im Allgemeinen sehr sensibel sind, sollten Sie, wie in der Praxis üblich, nur allgemeine verbale Angaben in diesem Abschnitt des Lageberichts machen.

8.2.6 Zweigniederlassungsbericht

Im Zweigniederlassungsbericht ist über sämtliche Zweigniederlassungen des Unternehmens im In- und Ausland zu berichten, die im Handelsregister eingetragen sind. Betriebsstätten und Repräsentanzen fallen somit nicht unter die Berichtspflicht.

In die Berichterstattung sind insbesondere folgende Angaben einzubeziehen:

*   Anzahl und Belegenheitsorte der Zweigniederlassungen
*   Angabe und Erläuterung wesentlicher Veränderungen gegenüber dem Vorjahr (Neugründungen, Verlegungen, Schließungen)
*   Darstellung abweichender Firmierungen

Sofern das Unternehmen keine Zweigniederlassungen unterhält, entfällt die Berichterstattung, ohne dass es einer Negativberichterstattung („Fehlanzeige") bedarf.

8.2.7 Vergütungsbericht

Der Gesetzgeber fordert einen Vergütungsbericht als Komponente der Lageberichterstattung nur von **börsennotierten Gesellschaften**. Zwingend sind darin die Grundzüge des Vergütungssystems der

Börsennotierte
Gesellschaften

Gesellschaft für ihre Organmitglieder (Vorstand, Aufsichtsrat) zu beschreiben (§ 289 Abs. 2 Nr. 5 HGB). Zudem können an dieser Stelle im Sinne einer umfassenden Berichterstattung über die Situation der Vorstandsvergütungen bei der Gesellschaft die **individualisierten Angaben** über Höhe und Zusammensetzung der Vergütung der Vorstandsmitglieder nach § 285 Satz 1 Nr. 9 Buchst. a) Satz 5-9 HGB dargestellt werden. Wird dieses Wahlrecht in Anspruch genommen, können diese originär zum Anhang zählenden Vergütungsangaben (vgl. Kapitel 7.3.3) dort entfallen.

8.2.8 Sonstige Inhalte

Nach dem unlängst in Kraft getretenen *Gesetz zur Umsetzung der Richtlinie 2004/25/EG des Europäischen Parlaments und des Rates vom 21. April 2004 betreffend Übernahmeangebote (Übernahmerichtlinie-Umsetzungsgesetz)* vom 08.07.2006 haben AG und KGaA, die einen organisierten Markt im Sinne des § 2 Abs. 7 WpÜG mit stimmberechtigten Aktien in Anspruch nehmen, den Lagebericht um bestimmte Angaben zu ihrer Unternehmensstruktur und etwaigen Übernahmehindernissen zu ergänzen. Im Einzelnen verlangt der zu diesem Zweck neu geschaffene § 289 Abs. 4 HGB die folgenden Einzelangaben:

- Zusammensetzung des gezeichneten Kapitals; bei unterschiedlichen Aktiengattungen sind für jede Gattung die damit verbundenen Rechte und Pflichten und deren Anteil am Gesellschaftskapital zu nennen.
- Dem Vorstand bekannte Beschränkungen, die Stimmrechte oder die Übertragung von Aktien betreffen, auch wenn sich diese aus Vereinbarungen zwischen Gesellschaftern ergeben.
- Direkte oder indirekte Beteiligungen am Gesellschaftskapital, die 10% der Stimmrechte übersteigen.
- Angabe der Inhaber von Sonderrechten, die Kontrollbefugnisse verleihen, unter Beschreibung des Inhalts dieser Sonderrechte.
- Art der Stimmrechtskontrolle, wenn Arbeitnehmer am Gesellschaftskapital beteiligt sind und ihre Kontrollrechte nicht unmittelbar ausüben.

* Gesetzliche Vorschriften und Bestimmungen der Satzung über die Ernennung und Abberufung der Vorstandsmitglieder und Satzungsänderungen.
* Befugnisse des Vorstands, insbesondere bezüglich der Möglichkeit, Aktien auszugeben oder zurückzukaufen.
* Wesentliche Vereinbarungen der Gesellschaft, die unter der Bedingung eines Kontrollwechsels infolge eines Übernahmeangebots stehen, und die hieraus folgenden Wirkungen; die Angabe kann unterbleiben, soweit sie geeignet ist, der Gesellschaft einen erheblichen Nachteil zuzufügen; die Angabepflicht nach anderen gesetzlichen Vorschriften bleibt unberührt.
* Entschädigungsvereinbarungen der Gesellschaft, die für den Fall eines Übernahmeangebots mit den Mitgliedern des Vorstands oder mit Arbeitnehmern getroffen sind.

Über den gesetzlich geforderten Mindestinhalt hinaus dürfen Sie weitere Berichtsgegenstände in den Lagebericht aufnehmen (z. B. Umweltbericht, Sozialbericht). *Umwelt- und Sozialbericht*

Ist der Vorstand einer abhängigen AG oder KGaA zur Aufstellung eines *Berichts des Vorstands über Beziehungen zu verbundenen Unternehmen* nach § 312 AktG (so genannter **Abhängigkeitsbericht**) verpflichtet, muss der Lagebericht darüber hinaus die Schlusserklärung des Vorstands zum Abhängigkeitsbericht enthalten (§ 312 Abs. 3 AktG). *Schlusserklärung zum Abhängigkeitsbericht*

9 Bilanzpolitik

9.1 Ziele der Bilanzpolitik

Sie kennen nun die gesetzlichen Grundlagen, die Sie bei der Aufstellung des handelsrechtlichen Jahresabschlusses und des Lageberichts beachten müssen. Dabei haben Sie wahrscheinlich festgestellt, dass der Gesetzgeber nicht an jeder Stelle ein eindeutiges Bilanzierungsvorgehen vorschreibt und – selbst wenn er es wollte – auch gar nicht vorschreiben kann. Damit eröffnen sich Ihnen bei der Aufstellung des Jahresabschlusses gewisse Spielräume.

Diese Spielräume können Sie dazu nutzen, um die Vermögens-, Finanz- und Ertragslage nach ihren Zielen zu gestalten und auf diese Weise das Urteil der Jahresabschlussadressaten (vgl. dazu Kapitel 2.1) entsprechend zu beeinflussen. Die gezielte Ausnutzung dieser Spielräume kann als *Bilanzpolitik* bezeichnet werden.

Mit der Inanspruchnahme des bilanzpolitischen Instrumentariums sollen insbesondere folgende Zwecke erreicht werden:

- die Steuerung **des Ausschüttungsvolumens**
- die **Beeinflussung des Steuerbilanzergebnisses** über das Maßgeblichkeitsprinzip
- die **Beeinflussung zentraler Bilanzanalysekennzahlen**, die vor allem bei der Kreditvergabe eine wichtige Rolle spielen (z. B. Eigenkapitalquote und -rentabilität)
- **Erleichterungen bezüglich der Rechnungslegungsanforderungen** (insbesondere durch Verringerung der Bilanzsumme) durch Einstufung als kleines oder mittelgroßes Unternehmen
- **die Beeinflussung des Urteils der Jahresabschlussadressaten** über das wirtschaftliche Potenzial des Unternehmens

9.2   Instrumente der Bilanzpolitik

Das bilanzpolitische Instrumentarium lässt sich in Maßnahmen vor (Sachverhalts*gestaltungen*) und nach (Sachverhalts*abbildung*) dem Abschlussstichtag einteilen.

9.2.1   Sachverhaltsgestaltungen

Sachverhaltsgestaltungen werden meist gegen Geschäftsjahresende eingesetzt, um den Werten und Relationen des Jahresabschlusses die gewünschte Gestalt zu geben. Hierunter fallen geschäftliche Transaktionen, die primär oder allein darauf gerichtet sind, das Jahresabschlussbild zu steuern. Man spricht in diesem Zusammenhang auch von *Window dressing*.

Maßnahmen vor dem Abschlussstichtag

Prominente sachverhaltsgestaltende Maßnahmen sind z. B. die folgenden:

- **Sale-and-lease-back-Geschäfte**
  Bei diesen Transaktionen werden Vermögensgegenstände an einen Leasinggeber verkauft und anschließend wieder zurückgeleast. So können stille Reserven freigesetzt und ein Gewinn realisiert werden. Der Leasingvertrag wird dabei so gestaltet, dass der Leasinggeber den Vermögensgegenstand aktiviert. Folge ist, dass Bilanzsumme und Eigenkapitalquote positiv beeinflusst werden.

- **Umwegmanipulationen**
  Hier werden z. B. selbst erstellte immaterielle Vermögensgegenstände des Anlagevermögens, die aufgrund des Aktivierungsverbots des § 248 Abs. 2 HGB nicht angesetzt werden dürfen, in eine eigens für diesen Zweck gegründete Kapitalgesellschaft eingebracht. Auf diese Weise kann der Bilanzierende eine Beteiligung an der Kapitalgesellschaft aktivieren, die den Wert des selbst erstellten immateriellen Vermögens widerspiegelt.
  Es ist auch denkbar, Immobilien in eine Beteiligungsgesellschaft einzubringen, um die stillen Reserven in den hingegebenen Vermögensgegenständen zu realisieren.

- **Zeitliche Einflussnahmen**
  Anstehende Geschäfte, z. B. groß angelegte Werbefeldzüge oder die Beschaffung von Rohstoffen, können je nach Interessenlage auf einen Termin kurz vor oder nach dem Abschlussstichtag ver-

schoben werden. Ebenso kann etwa der Kauf von Anlagegütern vorgezogen werden, um im laufenden Geschäftsjahr von höheren Abschreibungen zu profitieren.

- **Leasing statt Kauf**
  Wenn der Leasingvertrag so gestaltet wird, dass das Leasingobjekt beim Leasinggeber zu aktivieren ist, steigt im Vergleich zum fremdfinanzierten Kauf die Eigenkapitalquote. Diese Maßnahme gehört zur Kategorie der so genannten *Off-Balance-Sheet-Finanzierung*.

9.2.2 Steuerung der Sachverhaltsabbildung

Maßnahmen nach dem Abschluss-stichtag

Im Rahmen der Aufstellung des Jahresabschlusses, die nach dem Abschlussstichtag erfolgt, gibt es zahlreiche weitere Steuerungsmöglichkeiten. Denn das Bilanzrecht hat ungeregelte Bereiche und lässt bestimmte Gestaltungsoptionen ausdrücklich zu.
Die sachverhaltsabbildenden Maßnahmen lassen sich wie folgt in die Kategorien formelle und materielle Bilanzpolitik einteilen.

Bilanzpolitik durch Sachverhaltsabbildungen				
Formelle Bilanzpolitik			**Materielle Bilanzpolitik**	
Ausweis-wahlrechte	Erläuterungs-wahlrechte	Gliederungs-wahlrechte	Ermessens-spielräume	Ansatz- und Bewertungs-wahlrechte

Formelle Bilanzpolitik

Formelle Bilanzpolitik ist auf die Art der Darstellung der wirtschaftlichen Lage im Jahresabschluss gerichtet. Sie umfasst erfolgsneutrale Gestaltungen, die lediglich der Verbesserung der aus dem Jahresabschluss ersichtlichen Strukturen dienen.
Im Einzelnen können Sie Ausweis-, Gliederungs- und Erläuterungswahlrechte unterscheiden. Die nachfolgende Übersicht nennt verschiedene Beispiele für diese Instrumente der formellen Bilanzpolitik.

Übersicht: Instrumente der formellen Bilanzpolitik

I. Ausweiswahlrechte (Bilanz/GuV oder Anhang)	
1.	Gesonderte Angabe des Gewinn- oder Verlustvortrags (§ 268 Abs. 1 HGB)
2.	Angabe der Abschreibungen des Geschäftsjahrs (§ 268 Abs. 2 HGB)
3.	Gesonderter Ausweis eines aktivierten Disagios (§ 268 Abs. 6 HGB)
4.	Angabe von außerplanmäßigen Abschreibungen im Anlagevermögen und Abschreibungen im Umlaufvermögen auf den nahen Zukunftsschwankungswert (§ 277 Abs. 3 Satz 1 HGB i. V. m. § 253 Abs. 2 Satz 3, Abs. 3 Satz 3 HGB)
5.	Angabe des Betrags rein steuerrechtlicher Abschreibungen (§ 281 Abs. 2 Satz 1 HGB)
II. Gliederungswahlrechte	
1.	Ansatz erhaltener Anzahlungen auf Bestellungen als Verbindlichkeit oder offenes Absetzen von den Vorräten (§ 268 Abs. 5 HGB)
2.	Aktivierung nicht eingeforderter ausstehender Kapitaleinlagen oder Verrechnung mit dem Eigenkapital (§ 272 Abs. 1 HGB)
3.	Saldierung aktivischer und passivischer latenter Steuern oder unsaldierter Ausweis (§ 274 HGB)
4.	Aktivische Verrechnung rein steuerrechtlicher Abschreibungen mit dem entsprechenden Aktivposten oder Einstellung in den Sonderposten mit Rücklageanteil (§ 281 Abs. 1 HGB)
5.	Abgrenzung von außerordentlichen und ordentlichen Aufwendungen und Erträgen nach Auslegung, wann Vorgänge außerhalb der gewöhnlichen Geschäftstätigkeit liegen (§ 277 Abs. 4 HGB)
III. Erläuterungswahlrechte (Art und Umfang der Berichterstattung)	
1.	Weitere Untergliederungen der Jahresabschlussposten (§ 265 Abs. 5 HGB)
2.	Einfluss etwaiger Änderungen von Ansatz- und Bewertungsmethoden auf die wirtschaftliche Lage (§ 284 Abs. 2 Nr. 3 HGB)
3.	Ergebnisbeeinflussung durch steuerrechtliche Abschreibungen (§ 285 Nr. 5 HGB)
4.	Erläuterung nicht unerheblicher sonstiger Rückstellungen (§ 285 Nr. 12 HGB)

Materielle Bilanzpolitik

Materielle Bilanzpolitik ist darauf gerichtet, die Höhe der Werte von Bilanz und Gewinn-und-Verlust-Rechnung zu beeinflussen, wobei vorrangig das Ergebnis des jeweiligen Geschäftsjahrs gesteuert werden soll. Je nach Richtung des Einflusses spricht man dabei von progressiver und konservativer Bilanzpolitik.

Progressive und konservative Bilanzpolitik

Bei einer **progressiven Bilanzpolitik** werden *ergebnisverbessernde* Maßnahmen eingesetzt. Eine **konservative Bilanzpolitik** zeichnet sich dagegen durch die Bildung von stillen Reserven, d. h. eine möglichst niedrige Bewertung der Aktiva bzw. hohe Bewertung der Passiva, und damit einen *ergebnismindernden* Einfluss aus.

Die Instrumente der materiellen Bilanzpolitik umfassen das zielgerichtete Ausnutzen von Ermessensspielräumen sowie von Bilanzierungs- und Bewertungswahlrechten. Ermessensspielräume eröffnen sich dem Bilanzierenden dort, wo eigene Beurteilungen für die Abbildung eines Sachverhaltes gefordert sind. Diese Situation ist z. B. gegeben, wenn eine Bandbreite verschiedener Wertansätze ermittelt werden kann, von der sich – je nach Einschätzung der Lage – jeder Wert plausibel vertreten lässt. In der folgenden Checkliste finden Sie ausgewählte handelsbilanzielle Ermessensspielräume.

Checkliste: Ausgewählte Ermessensspielräume		✓
1.	Feststellung, ob der Grund für die Bildung einer Rückstellung eingetreten oder weggefallen ist.	
2.	Abgrenzung des aktivierungspflichtigen Herstellungsaufwands einer Maßnahme von nicht-aktivierbarem Erhaltungsaufwand.	
3.	Bestimmung der Nutzungsdauer bei Anlagegütern.	
4.	Bemessung der Höhe außerplanmäßiger Abschreibungen.	
5.	Bemessung der Rückstellungshöhe nach vernünftiger kaufmännischer Beurteilung.	
6.	Bemessung von Einzel- und Pauschalwertberichtigungen zu Forderungen.	

Da der Anhang in der Regel keine konkreten Informationen über die Ausnutzung von Ermessensspielräumen enthält, ist der Einsatz dieser bilanzpolitischen Maßnahme für externe Jahresabschlussadressaten kaum nachzuvollziehen. Ermessensspielräume stellen somit ein sehr flexibles bilanzpolitisches Instrument dar.

Wahlrechte können gesetzlich geregelt oder faktischer Art sein. Bei den **faktischen Wahlrechten** handelt es sich um Bilanzierungsalternativen, die sich aus der Auslegung unbestimmter Rechtsbegriffe ergeben. Sie sind oftmals schwierig von den Ermessensspielräumen abzugrenzen.

Gesetzliche und faktische Wahlrechte

Checkliste: Faktische Wahlrechte	✓
1. Gemeinkostenschlüsselung bei der Ermittlung der Herstellungskosten	
2. Bestimmung des Zinssatzes zur Abzinsung von Pensionsrückstellungen	
3. Berücksichtigung von Beschäftigungsschwankungen bei der Ermittlung der Herstellungskosten	

In einigen Bilanzierungsnormen lässt der Gesetzgeber ausdrücklich verschiedene Möglichkeiten hinsichtlich des Bilanzansatzes und der Bewertung zu:

- Bei **Ansatzwahlrechten** können Sie entscheiden, ob ein Sachverhalt in die Bilanz aufgenommen werden soll oder nicht.
- Bei **Bewertungswahlrechten** haben Sie mehrere Optionen in Bezug auf die Wertermittlung eines Sachverhalts.

Checkliste: Bilanzansatzwahlrechte	✓
I. Aktivierungswahlrechte	
1. Aufwendungen für die Ingangsetzung und Erweiterung des Geschäftsbetriebs (§ 269 HGB)	
2. Derivative Geschäfts- oder Firmenwerte (§ 255 Abs. 4 HGB)	
3. Aktivische latente Steuern (§ 274 Abs. 2 HGB)	
4. Disagio-Beträge (§ 250 Abs. 3 HGB)	
5. Umsatzsteuer, Zölle und Verbrauchsteuern (§ 250 Abs. 1 HGB)	

II. Passivierungswahlrechte	
1.	Sonderposten mit Rücklageanteil (§§ 247 Abs. 3, 273 HGB)	
2.	Altzusagen bei Pensionsrückstellungen (Art. 28 EGHGB)	
3.	Rückstellungen für unterlassene Instandhaltungsaufwendungen, die im folgenden Geschäftsjahr später als nach 3 Monaten nachgeholt werden (§ 249 Abs. 1 HGB)	
4.	Andere Aufwandsrückstellungen (§ 249 Abs. 2 HGB)	

Checkliste: Bewertungswahlrechte	✓
I. Wertansatzwahlrechte	
1.	Außerplanmäßige Abschreibungen im Finanzanlagevermögen bei nur vorübergehender Wertminderung (§§ 253 Abs. 2, 279 Abs. 1 HGB)	
2.	Abschreibungen auf den niedrigeren Zukunftsschwankungswert im Umlaufvermögen (§ 253 Abs. 3 HGB)	
3.	Abschreibungen im Rahmen vernünftiger kaufmännischer Beurteilung (§§ 253 Abs. 4, 279 Abs. 1 HGB)	
4.	Steuerrechtliche Abschreibungen (§§ 254, 279 Abs. 2 HGB)	
5.	Zuschreibungswahlrecht (§§ 253 Abs. 5, 280 Abs. 1 HGB)	
II. Methodenwahlrechte	
1.	Ermittlung der Anschaffungskosten unter Anwendung der Festbewertung, der Gruppenbewertung, der Einzelbewertung oder von Verbrauchsfolgeverfahren (§§ 256, 240 Abs. 3 und 4 HGB)	
2.	Ermittlung der Herstellungskosten (§ 255 Abs. 2 und 3 HGB)	
3.	Festlegung der Abschreibungsmethoden (§§ 253 Abs. 2, 255 Abs. 4 HGB)	

Verfolgen Sie eine progressive Bilanzpolitik und wollen einen hohen Jahreserfolg ausweisen, werden Sie versuchen, möglichst viel zu aktivieren und möglichst wenig zu passivieren. In den Folgejahren wird sich der Ausgangseffekt jedoch umkehren. Z. B. müssen Sie die in einem bestimmten Jahr aktivierten Ingangsetzungsaufwendungen, Geschäfts- oder Firmenwerte oder Disagio-Beträge in den Folgejahren abschreiben, so dass der Erfolg dieser nachfolgenden Jahre belastet wird. Bei bilanzpolitischen Maßnahmen müssen Sie damit stets auch die *Wirkungsdauer* und die Umkehreffekte berücksichtigen. Darüber hinaus wird die Bilanzpolitik durch den Grundsatz der Bewertungsstetigkeit eingeschränkt (§ 252 Abs. 1 Nr. 6 HGB). Ein sprunghafter, rein zielgesteuerter Wechsel der angewandten Abbildungsmethoden soll dadurch verhindert werden. Der Stetigkeitsgrundsatz darf daher nur in Ausnahmefällen durchbrochen werden, und zwar grundsätzlich dann, wenn sich die Bewertungsumstände geändert haben. Ein Beispiel hierfür wäre eine veränderte Produktionstechnik, der eine andere als die bislang angewandte Abschreibungsmethode besser gerecht wird.

Grundsatz der Bewertungsstetigkeit

9.3 Beispiel: Die Möglichkeiten der Bilanzpolitik

Der nachfolgende Fall soll Ihnen beispielhaft zeigen, wie Sie durch die Ausnutzung bilanzpolitischer Möglichkeiten auf die Eigenkapitalquote und die Eigenkapitalrentabilität Ihres Unternehmens Einfluss nehmen können.

Beispiel: Bilanzpolitik

Der Rechnungswesenleiter stellt den Jahresabschluss der A-GmbH zum 31.12.06 auf.

Variante 1: Die A-GmbH wählt eine konservative Bilanzpolitik:

- Aufwandsrückstellungen in Höhe von 100.000 € werden passiviert.
- Die unfertigen Erzeugnisse werden zu Einzelkosten in Höhe von 100.000 € aktiviert (Einzel- und Gemeinkosten 200.000 €).
- Die steuerrechtlichen Sonderabschreibungen von 100.000 € werden aktivisch abgesetzt.
- Die erhaltenen Anzahlungen auf Bestellungen von 50.000 € werden unter den Verbindlichkeiten gezeigt.
- Ein Disagio von 5.000 € wurde sofort als Aufwand verrechnet.

Variante 1: Bilanz (in Tsd. €)

I. Anlagevermögen	200	I. Eigenkapital	
II. Umlaufvermögen		1. Gezeichnetes Kapital	100
1. Vorräte	100	2. Rücklagen	50
2. Sonstige		3. Jahresüberschuss	50
Vermögensgegenstände	100		200
	200	II. Rückstellungen	
		Sonstige Rückstellungen	100
		III. Verbindlichkeiten	
		1. Verbindlichkeiten	
		gegenüber Kreditinstituten	50
		2. Sonstige	
		Verbindlichkeiten	50
			100
Bilanzsumme	**400**	**Bilanzsumme**	**400**

Die Eigenkapitalquote, die sich aus der obigen Bilanz ergibt, beträgt 50 % (= Eigenkapital / Gesamtkapital) und die Eigenkapitalrentabilität 25 % (= Jahresüberschuss / Eigenkapital).

Variante 2: Die A-GmbH wählt eine progressive Bilanzpolitik:

- Aufwandsrückstellungen in Höhe von 100.000 € werden nicht passiviert.
- Die unfertigen Erzeugnisse werden zu Einzel- und Gemeinkosten in Höhe von 200.000 € aktiviert.
- Die steuerrechtlichen Sonderabschreibungen von 100.000 € werden im Sonderposten mit Rücklageanteil erfasst.
- Die erhaltenen Anzahlungen auf Bestellungen von 50.000 € werden offen von den Vorräten abgesetzt.
- Ein Disagio von 5.000 € wird aktiviert.

Variante 2: Bilanz (in Tsd. €)

I. Anlagevermögen	300	I. Eigenkapital	
II. Umlaufvermögen		1. Gezeichnetes Kapital	100
1. Vorräte 200		2. Rücklagen	50
– erhaltene Anzahlungen 50	150	3. Jahresüberschuss	255
2. Sonstige			405
Vermögensgegenstände	100	II. Sonderposten mit	
	200	Rücklageanteil	100
III. Aktivische Rechnungs-		III. Verbindlichkeiten gegenüber	
abgrenzungsposten	5	Kreditinstituten	50
Bilanzsumme	**555**	**Bilanzsumme**	**555**

Die Eigenkapitalquote steigt auf 73 % und die Eigenkapitalrentabilität auf 63 %.

Im Rahmen einer **externen Bilanzanalyse** sind betragsmäßig nur die aktivische Absetzung der erhaltenen Anzahlungen von den Vorräten sowie die Höhe der rein steuerrechtlichen Abschreibungen erkennbar. Die Differenz zwischen Einzel- und Gemeinkosten bei der Ermittlung der Herstellungskosten und eine etwaige Nichtbildung einer Aufwandsrückstellung kann betragsmäßig grundsätzlich nicht nachvollzogen werden.

Stichwortverzeichnis